探寻中华文化之美

品味饮食文化

辛灵美◎著

安徽美术出版社
全国百佳图书出版单位

图书在版编目（CIP）数据

探寻中华文化之美：品味饮食文化 / 辛灵美著．—
合肥：安徽美术出版社，2023.8
ISBN 978-7-5745-0196-6

Ⅰ．①探… Ⅱ．①辛… Ⅲ．①饮食－文化－中国
Ⅳ．①TS971.2

中国国家版本馆 CIP 数据核字（2023）第 112756 号

探寻中华文化之美：品味饮食文化
TANXUN ZHONGHUA WENHUA ZHI MEI PINWEI YINSHI WENHUA
辛灵美 著

出 版 人：王训海　　责任编辑：史春霖
责任印制：欧阳卫东　　责任校对：陈芳芳 唐业林
出版发行：安徽美术出版社
地　　址：合肥市翡翠路 1118 号出版传媒广场 14 层
邮　　编：230071
营 销 部：0551-63533604　0551-63533607
印　　制：北京亚吉飞数码科技有限公司
开　　本：710 mm × 1000 mm 1/16
印　　张：14.5
版(印)次：2023 年 8 月第 1 版　2023 年 8 月第 1 次印刷
书　　号：ISBN 978-7-5745-0196-6
定　　价：86.00 元

如发现印装质量问题影响阅读，请与我社营销部联系调换。

前言

中华饮食文化历史悠久、源远流长，在长期的发展过程中形成了独具特色的饮食器具、审美风尚、饮食习惯等，是中华文化中最朴素、最生动、最深入生活的文化，也最能引人共鸣、抚慰人心。

本书追根溯源，从不同层面阐述中华饮食文化的内容与特点，带你畅享中华饮食文化之旅。

首先，回望历史，探索饮食之源。从钻木取火到烹谷为粥，从饮食之道到食之四讲，从宫廷御宴到乡野美食，从饮食方法、器具、制度、礼仪中，领略华夏儿女的饮食情怀与饮食追求。

其次，分门别类，探究中华饮食体系。依次认识中华饮食的蒸、煮、炖、煎、炒、烧、烤、烩等丰富多彩的烹饪技法，极具地方特色的鲁菜、徽菜、川菜、湘菜、苏菜、闽菜、浙菜、粤菜八大菜系，以及各类鲜香小料、小吃、汤羹，从中体味饮食风尚。

最后，以美食为介，体悟饮食文化。品味节令美食，品读精美诗词、经典古籍中的饮食故事，寻觅历史绵长的饮食时光，探寻中华饮食背后的风土人情、文化典故。

全书内容丰富、图文并茂、语言清丽，兼具知识性与文化性。书中特别设置“趣味食事”“百味知源”板块，讲述饮食背后的人物、故事、情怀与风俗，使本书更加生动有趣，可读性强。

“民以食为天，食以味为先”，中华饮食是中华儿女的生存之本，凝聚了中华儿女的创造智慧与精神追求。阅读本书，发现饮食背后的文化秘密，相信你定会收获颇多、回味无穷。

作　者

2023 年 2 月

目 录

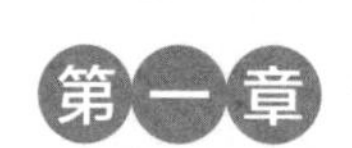

第一章 饮食溯源，民以食为天

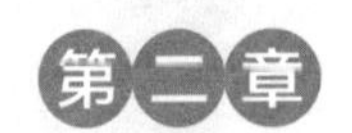

雕盘绮食，礼义生富足

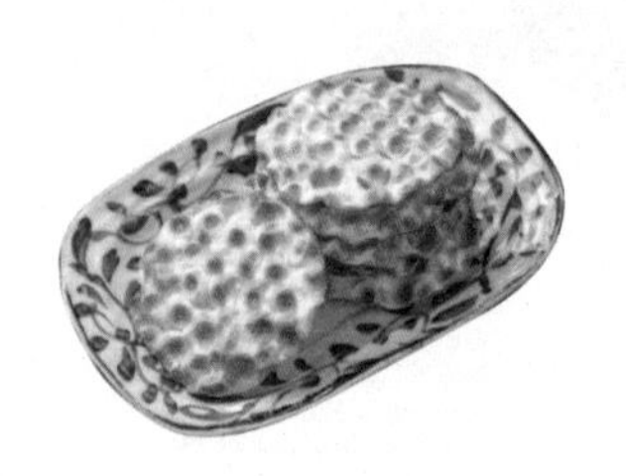

不同烹饪，技高味悠长

第四章 八大菜系，聚地方特色

第五章 鲜料小食，浓缩百味人生

第六章 人间烟火，最抚凡人心

第七章 缱绻“食”光，绵延流长

第一章 饮食溯源，民以食为天

民以食为天。中华饮食文化源远流长，从远古农耕文明中孕育的中华饮食文化，在中国传统礼仪、哲学、伦理、养生，以及地域文化和民族性格的影响下，别具地域风味和审美风尚。

寻根溯源，求索求新。中华饮食文化在漫长的历史岁月中不断传承、创新，形成了独具特色的饮食文化体系。

从钻木取火到烹谷为粥

原始社会，先民摘野果为生，在山林中与野兽搏斗，过着茹毛饮血的生活。中华饮食文化在中华民族历史上的真正萌生，要从先民真正学会使用火开始说起。

探寻中华饮食文化的起源

《韩非子·五蠹》中记载：“上古之世，人民少而禽兽众，人民不胜禽兽虫蛇……民食果蓏蚌蛤，腥臊恶臭而伤害腹胃，民多疾病。有圣人作，钻燧取火，以化腥臊，而民说（悦）之，使王天下，号之曰燧人氏。”相传，燧人氏钻木取火，从此先民得以食熟食，用火直接烤食物或用石臼盛水并煮烫食物。

《三皇本纪》中记载，伏羲氏“结网罟以教佃渔”，“养牺牲以充庖厨”。《通志·三皇纪》中记载，神农氏“因天时，相地宜，始作耒耜，教民蓺五谷”。之后，“耕而陶”，人们开始制作和使用炊具以及盛五谷的其他器具。再后来，黄帝发明釜甑，教会先民烹谷为粥。

从钻木取火、耕种五谷、制作陶饮食器具，到作灶烹粥，这些成功的饮食实践和探索成为中华饮食文化的源头。

随着人们生活、生产经验的不断积累和丰富，人们的食物来源、饮食器具、调味品、烹饪方法等也不断丰富和发展，并在中国传统礼仪、哲学、养生以及民俗风情等影响下，形成了博大精深的中华饮食文化。

饮食文化是中华民族宝贵的精神财富

中华饮食文化历史悠久，是一种广视野、深层次、多元化、内容丰富的区域文化，是中华民族宝贵的精神财富。

中国自古资源丰富，不仅有丰富的农作物、水产海鲜、山珍野味等本土食材，还引入了许多外来食材。如西汉时期引入了黄瓜；东汉时期人们有机会吃到石榴；到了明代，辣椒、菠萝、西红柿等传入中国。农作物品类的丰富，为中华饮食文化的发展奠定了更广泛的食材基础。

中华饮食文化既包括食源文化，又包括饮食器具文化。中国人对饮食的讲究不仅体现在对食材的加工方面，还体现在对饮食器具的设计和使用方面。中华饮食器具历史悠久，造型优美，见证着中华饮食文化的发展，也彰显了先民们的饮食实践和饮食智慧。

中华饮食文化深受中华传统文化的影响，具体表现在饮食礼仪、饮食养生等方面。饮食过程中，宴席分等级，座次分等级，敬酒亦十分讲究。同时，食物的选材、烹饪讲究尊重大自然的发展规律，遵循季节的变化；烹饪中重视调味、食材搭配，注重食物的养生效果等。

此外，中华饮食文化中

几何纹兽耳陶罐（存放谷物）

青铜爵

也渗透着古人的审美思想。如处理食材过程中的刀工，对食物成品的色、形的追求，对菜品或小吃的命名等，都体现了中国古代劳动人民的饮食审美与创造智慧。

综上，中华饮食文化是中华儿女在生活、生产实践中探索、总结出来的，是中华民族宝贵的精神财富。

诸子百家，饮食之道

中华饮食文化源远流长，并深受中华传统文化的影响。春秋战国时期，百家争鸣，此时的哲学、教育、礼仪等思想影响广泛而深远，传统饮食文化也深受其影响，引申出不少饮食之道。这里重点阐述儒家和道家的饮食之道。

儒家饮食之道

◆ 以食为天

儒家思想是我国传统哲学思想之一，对包括饮食文化在内的我国传统文化影响深远。孔子主张饮食简朴，讲究饮食卫生，如“臭恶不食”“不时不食”“食不厌精”等，为早期饮食哲学奠定了思想基础。

《礼记·礼运》中记载：“饮食男女，人之大欲存焉。”《孟子·告子上》中则说：“食色，性也。”《荀子》中说：“若夫目好色，耳好声，口好味……是皆生于人之情性者也。”“今人之性，饥而欲饱，寒而欲暖，劳而欲休，此人之情性也。”儒家认为，饮食是人的本性，是人的基本欲望，对温饱的需求是人的生理本能，对食物的喜好是人的本能反应。

儒学集大成者朱熹曾说“饮食者，天理也”（《朱子语类》），简单来理解就是“饮食即天理”，以食为天。自古以来，民以食为天的传统思想广泛流传。这一思想表面讲饮食，实际讲治世。古代国君都很重视农耕发展，因为只有解决好百姓吃饭的问题，让百姓安居乐业，国家才能长治久安。由此可见饮食之于个人生存的重要性，饮食之于天下安定的重要性。

◆ 推崇食礼

《礼记·礼运》指出：“夫礼之初，始诸饮食。”礼文化与饮食文化密不可分。作为儒家思想的代表人物，孔子将礼融于饮食，并提出了自己关于饮食之礼的一系列观点。

关于祭祀饮食，孔子认为：“虽疏食菜羹，瓜祭，必齐如也。”这是说，在饮食过程中，哪怕是粗茶淡饭，也应在吃饭前先祭祖，以示对祖先的恭敬。在祭祀期间，“齐必变食，居必迁坐”，也就是要改变日常饮酒、吃辛辣食物的饮食习惯，更换居住场所。

在君臣共处的饮食中，《论语》云：“君赐食，必正席先尝之。君赐腥，必熟而荐之。君赐生，必畜之。侍食于君，君祭，先饭。”大意是说，国君赏赐食物，臣子应先恭敬地摆正座位而后享用；国君赏赐生肉，臣子应先将其煮熟祭祖而后享用；国君赏赐活物，臣子应细心饲养；与国君共同进食，在国君祭祀时，臣子先替国君尝饭菜。这些是孔子的君臣之礼在饮食方面的集中体现。

在日常饮食中，孔子主张的“食不厌精，脍不厌细”“食不语，寝不言”等饮食之礼流传至今。《论语》中还提到“乡人饮酒，杖者出，斯出矣”，同乡饮酒，离席时一定是老者（长者）在先，自己在后。

孔子关于饮食之礼的各种观点是其所推崇的周礼在饮食文化上的表现。敬祖、尊君、敬老，既是饮食之礼，更是等级制度和观念在饮食文化中的体现。

道家饮食之道

◆ 养生为尚

道家重视养生，尊重自然规律。在道家思想中，“天人合一”的哲学思想历来被人们称道，遵循自然规律进行生产、生活是道家思想的重要基础，道家养生也必须遵循人体生理规律和自然规律。

《庄子》中讲“日出而作，日入而息”，便是人对自然规律的掌握与遵从。《庄子》中还提到，人们通过饮食和行气，可以实现内外兼修。具体来说，在饮食方面，想要长寿者应多吃素食，在意念方面则“乘天地之正，而御六气之辩，以游无穷者”，最终达到逍遥自在的目的和“天人合一”的境界。受道家思想影响至深的道教养生思想和理论则更加系统。道教经典文献《太平经》中有“先不食有形而食气”的说法，即人们常说的“辟谷”。道教还提倡“四时调养”养生法，养生著作《摄生消息论》中就提到春季养生和饮食注意事项：“春日融和……不可兀坐，以生抑郁。饭酒不可过多，米面团饼不可多食，致伤脾胃，难以消化。”

饮食观念

道家的饮食思想与文化大多与养生有关，提倡素食、少食、依四时而食，即合理饮食，吃新鲜的当季食物，根据气候变化调整饮食。这些饮食观念皆对我们的身体健康有利。

食之四讲——色、香、味、形

中国人自古重视饮食，在饮食方面不仅讲究味道的可口、新鲜、奇特，也讲究色、香、形。

色：色泽新鲜，搭配和谐

色泽是人们对食物的第一印象，先观其色，而后才会闻其香、品其味。自古以来，色泽鲜亮的美食最能引起人的食欲。

唐代小说集《酉阳杂俎·酒食》中记载：“韩约能作樱桃饆饠，其色不变。”饆饠，是唐朝流行的馅饼，有甜有咸，有肉馅有素馅。樱桃饆饠以樱桃入馅，蒸熟后樱桃色不变，饼皮略透，色泽粉嫩。南宋食谱《山家清供》中记载："采芙蓉花，去心、蒂，汤焯之，同豆腐煮，红白交错，恍如雪霁之霞。"以芙蓉花与豆腐搭配，红白相间，色如彩霞。由此可见古人对饮食色泽的重视和审美情趣。

中华饮食特别重视成品色泽的呈现，一些食物木身色泽新鲜亮丽，则应选择尽量不破坏食材颜色的烹饪方法。

当然，在中华传统饮食文化中，可以通过不同的烹饪方法或调味方法，来给食物上色。如通过炒糖、烟熏、烧烤等让肉类呈现亮红色，典型的有北京烤鸭、红烧狮子头；通过腌制使食物呈现出鲜亮色泽，如醋腌腊八蒜呈嫩绿色；通过煮、炖使食物呈现清亮色泽，如乳白色的鱼汤。

北京烤鸭

在我国少数民族饮食文化中，还有专门通过植物染色法制作美食的传统。如广泛流行于布依族、苗族和壮族的五色糯米饭，就是以植物汁液为糯米染色，使糯米呈现出不同色泽。染色后的糯米不仅色彩鲜艳好看，而且油脂丰富、软糯可口。

醋腌腊八蒜

除了对个别食材色泽的追求，中华饮食还注重不同食材或者同一种食材不同颜色的搭配。比如《东京梦华录》中的“荔枝白腰、青梅汤饼、蟹酿金橙、杏仁玉羊”都体现了古人对美食色彩搭配的重视。现代的家常菜虾仁炒黄瓜、西红柿炒鸡蛋等亦讲究菜肴的颜色搭配。

虾仁炒黄瓜

西红柿炒鸡蛋

香：香气四溢，激发食欲

香，能让人通过嗅觉来感受饮食。人在与美食接触之前，即便未见其色，也能通过远飘的香气来感受美食。陆游的《薏苡》一诗中就有“大如芡实白如玉，滑欲流匙香满屋”的诗句。

“长江绕郭知鱼美，好竹连山觉笋香。”古人爱美食，甚至能达到通感的程度，看到食材就能想到食材烹饪后的香气。

美食之香，源于食材本身，更来自精妙的烹饪过程。香是评判食物之美的重要标准之一。当然，如臭豆腐般“闻着臭，吃着香”的美食则属于少数。

味：以味为本，调和五味

自古至今，人们善于利用食物的“性味”来丰富口感，并达到“兴利除害”的食疗目的。

中华饮食传统五味包括“酸、甜、苦、辣、咸”，或称“酸、甘、苦、辛、咸”。一方面，食材味道的纯正是成就美食的重要基础；另一方面，对同一食材采用不同的烹饪和调味方法可以烹制出不同的美味。

古人认为，食物五味的调和是和谐的关键。不同食物有其特定的味道和功效，这是中华饮食养生的重要表现。如吃酸味食物（如山楂、醋等）可以健脾开胃；“甘入脾，脾主肉”，吃甘味食物有助于健脾补虚；吃苦味食物（如莲子、苦丁茶）可以清热、解暑；吃葱、姜、蒜等辛味食物能驱寒、促消化；吃咸味食物能缓解便秘，但不可长期过量食用过咸的食物。

形：造型精美，形状美观

形美是中华美食的重要审美体现，造型精美的食材能让人眼前一亮，给人惊艳的视觉冲击。

菊花豆腐

中华饮食的造型与形状美主要体现在两个方面：一是通过不同的刀法，将食材加工成丝、丁、片、块、条、泥等形状，如将豆腐切成均匀的细丝但不切断，在水中或汤中将其抖散如菊花，让人不由得赞叹；二是对食物最终造型的呈现，包括食材如何盛放，盛放食物的容器形状与材料选择，以及装饰物的摆放与搭配等。

“八卦”汤羹

“孔雀”冷盘

酱萝卜

菜肴命名：如诗如画，寓意吉祥

菜肴命名是中华饮食文化中的重要部分，深受人们重视。中式菜肴的命名，不仅反映了菜肴制作方式和技法，还融入了人们对美好生活的向往，体现了中华儿女的创意和智慧。

传统菜肴命名方式

在源远流长的中华饮食文化的发展过程中，中华菜肴的命名方式大致分为两大类。

第一类是围绕食材命名，即直接以食材（一种或多种食材）命名，或者用“食材 + 烹饪方法”“食材 + 调味料”“食材 + 地名”“食材＋人名”的方式为菜肴命名。

以食材命名的菜肴，如鸡丝燕窝、桂花鱼翅、樱桃肉、豆腐虾仁、青椒土豆丝等。

以“食材＋烹饪方法”命名的菜肴，如古人饮食中的江鱼炙[①]、獐肉炙，传统菜肴中的糖醋里脊、醋熘木樨、白煮肉、清炖肥鸭，现代菜肴中的凉拌黄瓜、洋葱炒牛肉，等等。

以“地名＋食材”“人名＋食材”命名的菜肴，如北京烤鸭、西湖醋鱼、德州扒鸡、镇江肴肉、东安仔鸡、麻婆豆腐、太白鸭、东坡肉、东坡肘子、宋嫂鱼羹等。

第二类是根据菜肴最后呈现出的色泽、形状、意象等，或盛放菜肴所用器皿等为菜肴命名，如红烧狮子头、玉带财鱼卷、怀抱鲤、霸王别姬、瓦罐鸡块等。

文人诗意与名菜佳肴

中华饮食文化博大精深。从菜肴名称中，我们不仅能感受到菜肴名字所传递的美好祝愿，更能了解到菜肴背后的名人故事、历史典

① 炙是将肉切丁，撒佐料烤，类似现在的烤串。《颜氏家训》解释：“凡傅于火曰燔，母之而加于火曰炙，裹而烧者曰炮。”

故、民俗雅趣等，一代代中国人正是通过这种命名智慧将宫廷名菜、地方名菜传承至今。

在古代，有不少文人是美食家，他们善于用文字来描绘美食。杜甫有“鲜鲫银丝脍，香芹碧涧羹”“重碧拈春酒，轻红擘荔枝”的诗句，描写了鲜鲫鱼配香芹、荔枝配春酒的美食搭配。陆游曾作诗描写巴蜀佳肴：“唐安薏米白如玉，汉嘉栮脯美胜肉。大巢初生蚕正浴，小巢渐老麦米熟。龙鹤作羹香出釜，木鱼瀹菹子盈腹。未论索饼与饡饭，最爱红糟并炰粥。”薏米如玉，木耳胜肉，豆鲜麦醇，羹香汤浓，实在令人向往。得益于文人爱作诗词赞颂美食的习惯，很多传统佳肴闻名四方，流传至今。

流传广泛的诗词或名人趣事给了烹饪者灵感，他们创造了一道道美食和一个个菜肴美名。

名菜“花雪芜丝[①]”菜名取自南齐诗人谢朓的《与江水曹至干滨戏》诗句：“花枝聚如雪，芜丝散犹网。”

名菜“黄鹂鸣翠柳”菜名取自杜甫名句“两个黄鹂鸣翠柳”，所用到的食材可能是蛋黄与葱。

以虾和翠绿时蔬烹制的“松翠明珠”菜名取自白居易所作诗句“松排山面千重翠，月点波心一颗珠”。

美味“娇莺戏蝶”菜名取自杜甫《江畔独步寻花》中的诗句“留连戏蝶时时舞，自在娇莺恰恰啼”，具体以虾做蝴蝶，以鸡腻子做黄莺，兼具色、香、味、形。

---

① 芜丝：春芜草，皮如丝。

趣味食事

巧以诗句命菜名

相传，古代有个穷秀才，整日吟诗作对、附庸风雅。一日，他酒醉归来闷闷不乐，原来是被朋友起哄请客，强调要吃出趣味、吃出风雅，穷秀才为保面子豪言应下，但家中穷困实在难以应对。穷秀才的妻子知道这件事后却说不必担心。

第二天，穷秀才的朋友陆续登门，到了饭点，只见穷秀才的妻子招呼大家坐下，边上菜边报菜名。第一道菜为“两个黄鹂鸣翠柳”，盘中摆放两个蛋黄、一根青葱；第二道菜为“一行白鹭上青天”，盘中为排成一行的豆芽，下面垫有一片青菜叶；第三道菜为“窗含西岭千秋雪”，盘中为一块豆腐，豆腐上铺了一层雪白的盐；第四道菜为“门泊东吴万里船”，是一碗清汤，一个蛋壳一分为二，浮在汤上。

穷秀才的朋友听完穷秀才的妻子的介绍后，连连赞叹，不由得心服口服。

穷秀才的妻子以杜甫的《绝句》中的诗句作菜名，虽然食材简单，但有诗意、有新意，让人称妙。

蕴含在菜名中的美好寓意

古人常赋予菜肴寓意吉祥的名字，后人可以通过这些带有美好寓意的名字想象古人创造或享用这道菜肴时的美好画面。

古时，名字寓意吉祥的宫廷菜肴有御用佛跳墙、一品荷花、百鸟朝凤、龙凤呈祥、如意卷、玉掌献寿、松鹤延年等；名字寓意吉祥的民间菜肴有四喜丸子、玉带虾仁、鸳鸯鸡等。

中华传统菜肴以菜名寄托美好寓意的传统流传至今，如今人们聚餐、设宴，也会精心为菜肴命名。比如，以下菜肴及食材取名风雅、寓意吉祥，成为餐桌上的新宠儿：春意盎然——豌豆炒玉米、团团圆圆——四喜丸子、年年有余——清蒸整鱼、前程似锦——素炒什锦、比翼齐双飞——蒸白鸽、腰缠万贯——爆炒腰花、如意吉祥——芦蒿香干、鸿运当头——大红乳猪拼盘，等等。

中华菜肴命名或写实，或写意，是中华饮食文化中不可或缺的组成部分。

宫廷御宴，奢华大气

宫廷御宴是宫廷中的各类宴席，除了帝后的日常宴席，还有节庆宫廷御宴、祝寿宫廷御宴、接待王公大臣的宫廷御宴、接待来访使者的宫廷御宴等。这些宫廷御宴因为饮食者身份尊贵而呈现出奢华大气的风格。

第一，宫廷御宴所用食材十分珍贵。

在我国古代，等级森严，在包括饮食在内的各类资源分配上，都是帝王优先，因此在宫廷宴席上有许多用珍贵食材烹制的菜肴。《太平御览》中记载："桀纣欲长乐，以苦百姓，珍怪远味，必南海之荤、北海之盐、西海之菁、东海之鲸。"

《周礼》中有关于天子食用"八珍"、饮用"六清""三酒"的记载；隋朝的《食经》中记载了当时宫廷中的食谱，有咄嗟脍、白消熊、露浆山子羊蒸、金丸玉菜臛鳖等。这些菜品用到的食材都是十分珍贵、罕见的，寻常百姓很难见到，更别说食用这些食材了。宫廷御宴所用珍贵食材彰显了古代帝王的尊贵身份。

第二，宫廷御宴所用饮食器具异常珍贵。

天下饮食器具，以宫中之器最为精美。比如，周朝宫廷中流行青铜饮食器具，这些青铜饮食器具制作精美、工艺精湛。瓷器出现后，宫廷中的饮食用瓷器亦非常精美。

第三，宫廷御宴规模宏大。

古代宫廷御宴规模宏大，菜品种类多样。唐朝有“闻喜宴”“曲江宴”“樱桃宴”“烧尾宴”，各类宴席菜品繁多；清朝满汉全席有炒菜、烧烤、火锅、涮锅等，汇聚扒、炸、炒、熘、烧等烹饪方法，御品官燕、竹荪扒龙须、蝴蝶点心等名菜名点更是被世人熟知。

御品官燕

明骨烧口蘑

竹荪扒龙须

紫气东来

玲珑连福肉海参

蝴蝶点心

食在乡野，人间至味是清欢

与宫廷的奢华饮食相比，民间百姓的饮食在饮食器具、食材种类、饮食规模等方面，均显得朴素、简单，但聪慧的劳动人民在有限的条件下创制出许多民间美味。

大米青菜粥

如今家喻户晓的许多美食都源于民间，如东坡肉、东安仔鸡、宋嫂鱼羹、腊味合蒸、羊方藏鱼、三杯鸡等菜品，粽子、月饼、年糕等小吃，以及各类粥、汤羹、面食（如饺子、春卷、馓子、煎饼、拉面、窝头、花馍）等。

小米南瓜粥

古代食材存储条件有限，民间

窝头

花馍等面食

为存储食材而绞尽脑汁、不断尝试，并在这一过程中发明和创造了许多美味。酒便是人们在存放粮食的过程中发明并创造出来的，咸鸭蛋、皮蛋（松花蛋）、毛豆腐等的发明，也与百姓储存食物有一定的渊源关系。

古代百姓善于从平淡生活中发现美味、创造美味，极大地丰富了中华饮食。

咸鸭蛋

皮蛋

咸鸭蛋的饮食文化

咸鸭蛋，又名青皮、腌鸭蛋，古称咸杬子，是民间特色美食，色、香、味俱佳，备受百姓喜爱。

咸鸭蛋味咸，蛋黄香酥流油，食之可滋阴、清肺，老少皆宜，但不宜多食。古人有在端午节吃咸鸭蛋的习俗。

北魏农书《齐民要术》中记载：“浸鸭子一月，煮而食之，酒食具用。”描述的是咸鸭蛋的制作和食用方法。

清朝袁枚的《随园食单》中曾提到“腌蛋以高邮为佳”。这里的腌蛋便是咸鸭蛋，可以推断，在清代时，制作和食用咸鸭蛋已经非常普遍，而且市场上的咸鸭蛋已经有了不同品种。

雕盘绮食，礼义生富足

《礼记 · 礼运》有云：“夫礼之初，始诸饮食。”饮食与礼仪之间有着密不可分的关系。中国历代饮食制度与礼仪规范相互影响、相互融合，逐渐形成了独具特色的饮食文化。

礼仪制度与饮食规范的结合是中华饮食文化的显著特点，形成了中国几千年饮食文化之基调。礼的加入使得孝义、仁爱等思想与饮食文化紧密相连，使得中华饮食文化具有浓郁的人文气息。

古人是如何做饭的

“钻木取火”的出现使中国古人的饮食从生食走向了熟食，于是炙烤就成了最普遍的烹饪方式。袅袅炊烟在辽阔大地上缓缓升起，属于中国人的美食篇章也由此开启。

《诗经·瓠叶》中写到普通人家待客的场景：“有兔斯首，炮之燔之。”这里的“炮”和“燔”都是用火烤的意思。但直接炙烤容易将食物烤煳，而当时用以盛放食物的器具较少，于是人们便发明了石烹的方式。将食物放在烧热的石头上，会使食物受热均匀，口感更好。《礼记·礼运》中有“燔黍捭豚”的记载，就是将黍和猪肉放在石头上炙烤。石烹作为一种独特的烹饪方式，一直流传至今，山西、陕西地区的传统小吃石子馍便是典型的石烹美食。

随着农业的发展，黍、稷、麦等谷物逐渐成为主食。但这类食物不易烤熟，于是人们便将谷物放在陶罐中，加水，将其煮熟食用，蒸和煮这两种烹饪方式也由此产生。

石子馍

商周时期，等级制度森严。在严格的等级制度下，人们可以食用的食物有严格的规定。《礼记·内则》有载："大夫燕食，有脍无脯。"士大夫吃饭，肉干和肉块只能选择一种，而且"不二羹胾"，肉羹和大块肉也只能吃一种，普通民众一般只能吃菜。

春秋时期，礼崩乐坏，人们不再遵守周朝的礼仪制度，原有的饮食等级形同虚设。人们可以使用的食材增多，普通人也可以吃肉了，这也促进了烹饪技术的发展。战国时期，石磨出现，人们用石磨制作面粉，再用面粉做饼，蒸饼便出现在这一时期。

秦汉时期，出现了索饼，这是一种类似今日之面条的食物。《释名疏证补》中有言："索饼，疑即水引饼，今江淮间谓之切面。"《释名·释饮食》中记载了胡饼的做法，"胡饼，作之大漫冱也，亦言以胡麻著上也”。胡饼，自西域传入，经过烘烤而成，上面撒着芝麻，香酥可口。到唐朝时，胡饼已经发展成为极受欢迎的食品，白居易有诗云：“胡麻饼样学京都，面脆油香新出炉。”

除了面食，谷类食品在汉朝也有所发展。《释名·释饮食》有载：“糍，渍也，蒸糁屑，使相润渍，饼之也。”将谷类磨成的碎粒蒸成饼状，称为糍。东汉时期已有了蒸饭，将半熟的饭放在火上蒸熟便是蒸饭，时人谓之“饋”。

唐朝国力强盛，重视农业发展。北方以种植小麦为主，而南方则多种植水稻。米饭在唐朝时已然成为主食，唐朝人在寒食节时会做青精饭。青精饭是用乌饭树的汁液将米粒染成乌青色，再进行煮制，饭中带着植物的清香。

青精饭

除了蒸煮，油炸的方式在唐朝也广受欢迎，煎堆便是唐朝油炸小吃的一种。煎堆也叫麻团，是将糯米粉抟成团，外面裹上芝麻，油炸而成，外皮酥脆，内部软糯。餢飳也是唐朝的一种油炸小吃，餢飳里包馅儿，油煎而成，有蟹黄餢飳、樱桃餢飳等多个种类，不过其做法现已失传。

宋元时期是中华饮食文化蓬勃发展的时期，从宫廷到民间，都热衷于研究美食。《东京梦华录》中记载了宋朝的多种美食，有百味羹、群仙羹等各类羹汤，假元鱼、乳炊羊、鹅鸭排蒸等各种肉食，还有西京雪梨、嘉庆李子、樱桃煎等各种水果小吃。

“炒”这种烹饪方法源于南北朝，在宋朝得到发展。《东京梦华录》中有炒兔、炒蟹、生炒肺、炒蛤蜊等多种炒菜的记载。随着炒菜的出现，古人的烹饪方法逐渐走向完备。

明代时期，甘薯传入中国。李时珍的《本草纲目》中记载了甘薯的做法，“南人用当米谷、果食，蒸炙皆香美”。清朝薛宝辰的《素食说略》中有“京师素筵，每以白薯切片，或切丝入溜锅炸透，加白糖收之”的记载。可见甘薯已经成了人们饭桌上常见的美食，且有多种做法。

除了甘薯，辣椒、马铃薯、玉米、番茄等也传入中国，为中国的饮食发展提供了原材料。新鲜材料的加入促使人们不断探索新的烹饪方法，餐桌上的美食逐渐丰富。

在漫长的历史长河中，中国古人经过长期的摸索，将人类的智慧与自然的馈赠相结合，使得食物的味道愈加丰富，“吃”不再只是为了果腹，更是为了追求心灵上的愉悦感。饮食的内涵得到了拓展，人也在饮食中获得了满足。

趣味食事

汉武帝与鱁鮧

相传，汉武帝率兵追逐蛮夷人，追到了滨海地区。汉武帝在这里闻到了一阵香气，却没有找到香气的来源，就命人去寻找。后来，随从回来禀报说是渔翁在做鱼肠酱，并向汉武帝详细描述了做法。

渔翁将鱼肠放在容器中密封保存，日晒数天后将鱼肠取出来做酱，香气扑鼻。汉武帝对这种意外发现的美食很是喜欢，又因为是在追逐蛮夷人时发现的，所以将其命名为鱁鮧。

贾思勰将这个故事记载在《齐民要术·做酱法》中，清朝林昌彝也有诗云：“下酒何人啖鱁鮧。”“鱁鮧”这种食物从汉朝一直流传下来。

藏在饮食器具里的饮食文化

从陶器到青铜器，从木器到瓷器，中国的饮食器具经历了漫长的发展历程，丰富多样，是中华饮食文化发展的见证者和记录者。饮食器具的更迭代表着饮食的发展，饮食器具的背后蕴含着深厚的文化内涵。

早期饮食器具造型简单，以实用为主，如陶制盆、钵、碗等。新石器时代，彩陶出现，人们将一些简单的鱼纹、鸟纹刻画在饮食器具上，增添了器具的美感。这一时期的人们对饮食器具的装饰尚停留在简单的描绘阶段，选择鱼纹、鸟纹等图案多是出于对自然的崇拜。

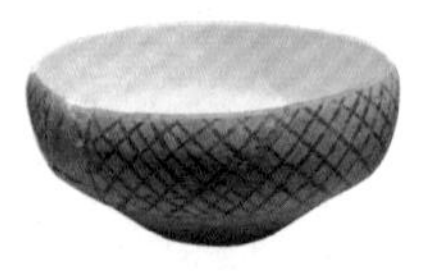

新石器时代的彩陶钵

商周时期，随着金属冶炼技术的发展，青铜器在王室贵族中流行，成为身份的象征，青铜饮食器具也在这一时期出现。鼎最初便是食器的一种，用于煮肉。之后随着礼制的发展，鼎成为礼器的代表。

古代诸多饮食器具都兼具礼器的功能。比如，《说文解字》中对缶的记载是“瓦器所以盛酒浆，秦人鼓之以节歌”。可见，缶最早是盛酒用的饮器，之后在祭祀或宴饮活动中作为敲击乐器，逐渐发展成为礼器的一种。

商周时期的饮食器具种类多样，有用于煮蒸食物的鬲、釜、甑等，有用于盛放食物的簋、簠、盘等，还有用于进食的筷子、勺子等。与此同时，饮食器具上的装饰也变得繁复，出现了云雷纹、三角纹、菱纹等具有抽象意义的纹饰和夔纹、饕餮纹等复杂精美的动物纹饰。由此可见，商周时期人们十分注重饮食，而且已经能够熟练使用不同的方法来烹制美食了。

西周青铜双耳鬲

西周师酉簋

汉朝，漆绘饮食器具的制作工艺水平不断提升。漆绘饮食器具抗腐蚀能力强，更易保存。漆绘颜色饱满，层次感强，极具艺术美感。

汉朝漆绘饮食器具以红色和黑色为主要颜色，将黑色的沉稳与红色的明艳巧妙结合，独具匠心，体现了汉朝简约大气的审美风格。饮食器具上多绘云气纹，用圆涡形线条组成装饰图案，体现了当时人们对自然和神仙的崇拜。

汉朝工匠在制作饮食器具时更加注重其本身的功能。相较于青铜饮食器具，漆绘饮食器具更加轻便，既有饮食器具的实用性，又有漆绘的艺术性。这体现了饮食器具向实用发展的趋势。

唐宋时期，制瓷业的发展使得瓷质饮食器具出现在了古人的餐桌上。唐朝李肇所著的《国史补》中载“内丘白瓷瓯、端溪紫石砚，天

汉代漆陶鼎

下无贵贱，通用之”，可见瓷器在唐朝已经被广泛使用了。文中所记之“内丘白瓷”正是邢窑白瓷，“瓯”既可作茶盅，也可作酒盅，是饮器的一种。瓷质饮食器具质地轻薄，淡雅温润，拿取方便，逐渐成为人们使用最为普遍的饮食器具。一直到明清时期，瓷质饮食器具都是中国的主流饮食器具。

各种制作精美的饮食器具使得人们开始关注饮食器具的整体美，注重饮食与饮食器具的配合。在唐诗中，诸如“紫驼之峰出翠釜，水精之盘行素鳞”“钑镂银盘盛蛤蜊，镜湖莼菜乱如丝”等诗句层出不穷，可见人们对美的追求已经深入食物的呈现之中。

明清时期是中国饮食器具制作的高峰期，青花瓷、粉彩瓷等凝聚着中国古代高超制瓷技术的精美瓷器被用作饮食器具，可见中国古人对饮食器具的极致追求，这也体现了当时精致的饮食文化对饮食器具的影响。

饮食器具的发展演变是中华饮食文化发展的一部分，代表了中国人生活方式、审美风尚的变化，蕴含着中国人对“吃”的追求。这些或古朴或雅致的饮食器具，搭配各色美食，便是中国人餐桌上的意趣所在。

北宋青釉刻花莲瓣纹碗

分餐与合餐

分餐与合餐都是中国绵延几千年的餐制，代表的是不同的饮食习惯与礼仪制度。从分餐到合餐，既是餐制的变化，也体现了中国古代饮食文化的发展演变。

远古时期，人们通过狩猎或采摘的方式获得食物，通常会将其平均分配，保证每个人都有食物。当时没有桌椅，人们通常围坐在火堆旁进食。

西周建立后，实行分封制，等级制度森严。周王朝礼制规定，天子九鼎八簋，诸侯七鼎六簋，大夫五鼎四簋，士三鼎二簋。在宴席上，周天子与朝臣分案而食，用餐时，诸侯臣子们可食用的食物数量就成了身份高低的象征。

秦汉时期，分餐制依旧盛行。河南郑州打虎亭汉墓中的《宴饮百戏图》描绘了当时人们宴饮聚会的场面：人们分坐在案几前，案几上摆放着盘、碗等食器。

《史记·项羽本纪》中对分餐制的场景有过细致的描写，项羽在鸿门宴请刘邦，“项王、项伯东向坐，亚父南向坐。亚父者，范增也。沛公北向坐，张良西向侍”。由此可以看出，在宴饮时，大家面朝不同的方向而坐，围坐成一圈，分餐而食。

东汉末年，北方游牧民族开始向中原地区迁徙，游牧民族的迁徙将高桌大椅带到了中原地区，高大的桌椅开始进入中原人的生活。家具的改变带动了餐制的变化。高大的桌椅更适合围桌而坐，分餐制不再适用，合餐制由此诞生。但分餐制并没有就此退出历史舞台。南唐画家顾闳中的《韩熙载夜宴图》中描绘了官员韩熙载在家中设宴的场景，宴会中的宾客依旧分案而食。

在唐朝，官员们聚在一起吃饭称“会食”，这时大家会围在一张桌子前吃饭。《国史补》有载，“每朝会罢，宰相百僚会食都堂”，朝会结束后，文武百官会聚在一起吃饭。

直到宋朝，合餐制才开始逐渐普及。宋朝人喜好宴饮，合餐制更能满足人们相聚畅饮的需求。我们从北宋张择端所绘的《清明上河图》中可以看到汴京城内的很多饭店中宾客们围桌而食的场景。

等到明清时期，合餐制已经成为主流，人们也逐渐习惯了聚在一张高桌前吃饭。

宴饮与座次礼仪

宴饮礼仪和座次礼仪是“礼”在饮食活动中的重要实践，主次、长幼等礼仪规范在餐桌上得到了体现，促使中华传统饮食文化与礼仪制度深度融合。

宴飨之礼

宴饮不仅是味蕾的狂欢，更承载着政治功能与深厚的文化内涵。在中国古代，上自君主，下至百姓，都需要通过宴饮来沟通感情，维系关系。故而宴饮在中国的社会发展中有着不可替代的作用。

宴饮活动在中国由来已久，早在先秦时期便有关于宴饮的记载。《诗经》中的“我有嘉宾，鼓瑟吹笙”“宾之初筵，左右秩秩”等诗句都是关于宴饮活动的记载。《周礼》将礼仪分为吉礼、凶礼、嘉礼等多个种类，宴飨之礼便是嘉礼中的一种，可见宴饮礼仪之重。

宴饮最初多是出于政治目的的活动，君主或诸侯之间通过宴饮来维系关系，彰显地位。春秋战国时期，宴饮更是国家之间的重要活动，一国有使臣到访，君主通常都要设宴款待。

魏晋时期，名士们追求率真旷达的处世风格，不拘礼法，潇洒风流。宴饮活动在这时逐渐向着娱乐化的方向发展，人们在宴会上饮酒作乐，相互唱和。曲水流觞便是当时著名的活动。人们围坐在回环的

绍兴兰亭曲水流觞

水边，将酒杯置于水面，酒杯停在谁面前，谁就起身饮酒，并赋诗一首。王羲之的《兰亭集序》写的便是曲水流觞之乐。

唐朝时，科举考试普及。国家和地方为了鼓励考生，会设置鹿鸣宴、烧尾宴、曲江宴等宴会。其中，曲江宴设在进士放榜之时，极为隆重，皇帝会亲自参加。宴席上，皇帝与臣子一起欣赏美景，品尝美食，热闹非凡。

洛阳水席也始于唐代，是从唐朝一直传承至今的千古名宴。其菜式有汤有水，吃完一道热菜再上另一道，像流水一样不断上菜，因而被称为水席。洛阳水席共有 24 道菜，冷热兼备，荤素齐全。菜品名称极为雅致，牡丹燕菜、海米升百彩、碧波伞丸等各具特色。

洛阳水席中的牡丹燕菜

宋朝时期，人们多追求雅宴，在宴会上行酒令、赏歌舞、写诗词。宋朝的诸多诗词都是宴饮中的唱酬之作，如晏殊的《木兰花·东风昨夜回梁苑》、苏轼的《玉楼春·次马中玉韵》等。

宋朝文人好游宴，一边游玩，一边饮酒取乐。叶梦得《避暑录话》有载，欧阳修在晚上宴请宾客，命人取荷花千朵，放在盆中；行酒令时，让人摘一枝花传给客人，“以次摘其叶，尽处则饮酒”。摘花做酒令，饶有雅趣，可见宋朝宴饮之乐。

明清时期，宴饮活动发展到市民阶层，在宴席上行酒令成了一种流行活动。宴饮也从贵族专属变成了百姓的娱乐活动，宴饮中包含的文化礼仪也随之流传至今。

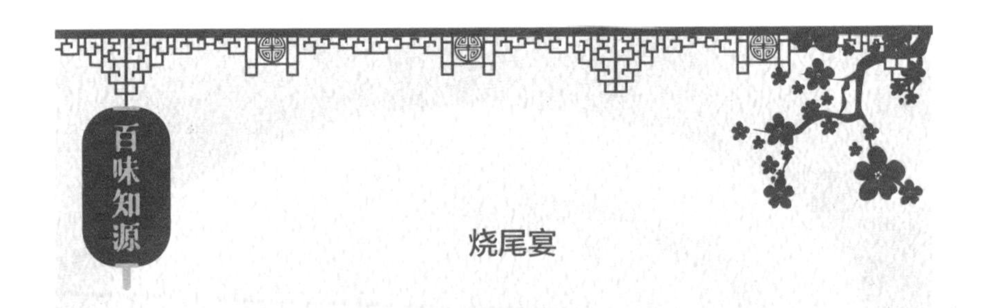

烧尾宴

烧尾宴是唐朝的著名宴会，取“鲤鱼跃龙门”之意，来庆祝科举中第或官职升迁。

烧尾宴在唐中宗时期盛行。相传，唐中宗执政期间，大臣韦巨源官拜中书令，便在自己家中设烧尾宴款待中宗，烧尾宴由此流行。

烧尾宴大体包括主食、羹汤、菜肴、甜品等五十多种食品，用料讲究，制作精细，令人惊叹。其中不乏汉宫棋、玉露团、水晶龙凤糕等名字与菜式都极为精致的美食。

但由于烧尾宴实在奢侈，流行时间不过二十几年，菜单与制作方法并未完整传承下来，后人只能从前人的记载中窥见烧尾宴的豪华程度。

座次之礼

中国古代以左为尊，宴饮座次亦当遵从此礼。《礼记》言“尊者，以酌者之左为上尊”，在宴请宾客时，尊者通常坐在左侧。战国时期四君子之一的信陵君曾因空出左边的位置来迎接宾客而广受赞誉，后人用“虚左以待”来形容对他人的尊敬。

《礼记》中有载：“席南向北向，以西方为上；东向西向，以南方为上。”坐席如果是面朝南面或北面的，就以西方为尊位；如果是面朝东面或西面的，就以南方为尊位。

汉朝有专门的朝会宴，群臣座次按照官职大小排列，尊官在前，卑官在后，退场时，则是卑官在前，尊官在后。

《史记·魏其武安侯列传》中记载了武安侯田蚡宴请客人的场景，武安侯觉得自己身居高位，比兄长尊贵，就让兄长“南向坐”，而自己则“东向坐”。可见在汉朝宴饮座次中，面朝东面而坐喻示更加尊贵。《资治通鉴》中记载了汉明帝尊师的故事，桓荣在汉明帝还是太子的时候做过他的老师，汉明帝登基后，依旧以师礼待之，让桓荣“坐东面，设几杖”。

随着合餐制的发展，在餐桌上的礼仪逐渐淡化，但依旧坚持以左为尊的原则，尊者往往坐北朝南，位于左侧，以彰显地位，其余人依次排列。

第三章

不同烹饪，技高味悠长

在漫长的饮食文化历史中，勤劳的中国人民创造出多种烹饪技法：蒸、煮、炖、煎、炸、炒、烧、烤、熏、卤、汆、贴、烩、熘、煸，等等。人们利用多种烹饪技法开发出无数美味佳肴。

多元的烹饪技法充分体现食物的营养价值与自身特点，带给味蕾丰富、多层次的感受，让中华饮食文化呈现出风味多样、科学健康的特点。

蒸、煮、炖

蒸、煮、炖，这三种烹饪方法都是以水为传热介质，利用食材本身的鲜美，烹饪可口的食物。

蒸：原汁原味

蒸是非常简单的烹饪方法。只要准备一个蒸锅，在蒸锅底部加入适量的水，将调过味的食物放在蒸屉上加热，就能利用蒸汽将食物蒸熟。蒸，不仅可以烹饪美味佳肴，还可以对做好的菜肴进行保温或对器物进行杀菌消毒。

利用蒸来烹饪食物，最早可以追溯到炎黄时期。古人在水煮食物的过程中发现利用蒸汽也可将食物做熟，由此发明了蒸这种烹饪方式。运用蒸这种简单的做法，食材的汁液不会大量挥发，营养成分不易被破坏，食材能够充分保留原本的味道。

粤菜中就有多道菜肴通过蒸来成就美味，如豉汁蒸排骨、清蒸东星斑、糯米鸡等。

通过“蒸”这种烹饪手法制作的各种美食

煮：清鲜美味

煮，是将食材放入锅中，加入汤汁或清水，大火煮沸以后，改为小火将食物煮熟的烹饪手法。煮这种烹饪方式能够保持食物本身清鲜的口感，保留食物本身的营养物质，是一种健康的烹饪方式。

自古以来，煮都是常用的烹饪方式之一，有着悠久的历史。即便是在烹饪方式种类繁多的今天，人们的餐桌上依然有很多通过煮制作的菜肴。比如一些凉菜常常通过煮将食物做熟后再进行凉拌，水煮牛肉、麻辣烫、各种汤羹的制作离不开煮，饺子、面条等主食也需要先煮熟再食用。

煮水饺

趣味食事

水煮饺子的由来

饺子是非常受欢迎的中国传统美食之一，逢年过节，家家户户的餐桌上都少不了饺子。那么你知道饺子是如何创造出来的吗？

据说东汉时期，张仲景在长沙为官，他看到冬日里的百姓饥寒交迫，很多人的耳朵都冻烂了。于是在冬至这天，张仲景就架起大锅，制作“祛寒娇耳汤”分发给百姓。“娇耳”是用面皮包上羊肉、辣椒等驱寒食材制作而成，其形似耳朵，就是今天我们吃的饺子的原型。百姓吃下娇耳，喝下娇耳汤，浑身暖暖的，耳朵上的冻疮果然好转，于是在冬至这天吃饺子的习俗便流传下来。

炖：香糯软烂

炖，指将食材与葱、姜、蒜等调料加入锅内的水或汤中，先用大

色泽诱人的炖菜

火煮沸，再用小火长时间慢煮，让食材在长时间的炖煮中变得香糯软烂。

人类使用炖进行烹饪的历史可追溯到几千年前。经历岁月的变迁，炖这种烹饪方式也在不断发生变化，逐渐演变为隔水炖和不隔水炖两种形式。

隔水炖是指将食材放入盅、碗或罐等容器中，加入调料与汤汁，盖紧盖后将容器放入盛水的锅中炖煮，锅中的水不能漫过内部容器。在隔水炖的过程中，内部容器外的水是煮沸状态，容器内的汤汁则不会煮沸。这样可以极大地保留食物的鲜香味，并使炖煮的汤汁保持清澄，因此隔水炖常常用于煲汤。美中不足的是，隔水炖需要的时间较长。

不隔水炖是指将食材、调料和汤汁等直接放入锅中炖煮，炖菜的过程中汤汁会有损耗，因此在开始炖时需要一次性加入足够的水或汤汁。

炖菜可以加入多种食材，炖煮过程中不同食材的味道相互融合，能够形成独特的风味。多种食材搭配使得炖菜不仅色、香、味俱全，而且营养丰富。

煎、炸、炒

煎、炸、炒，这三种烹饪方法都是通过油这一传热介质将食物烹饪成熟。相比于水煮，用油煎、炸令食材外部结出一层酥脆的表皮，为食物增添别样的风味，油脂的加入也令炒制的食材更加鲜香。

煎：香脆可口

煎，通常是在热锅中倒入适量油（油布满锅底，但不浸没食材），待油热后放入食材，用小火或中火将食材两面煎至金黄后，加入调味品即可制成美味佳肴。

油加热后的温度高于水，因此食材煎完后表面可以呈现金黄的色泽，具备香脆可口的口感，且烹饪用时较短。

食材煎完后，外层裹上了一层油脂，食材本身的鲜味融合油脂的香味，更加可口。多种菜肴都使用煎的方式来制作，如香煎鸡翅、煎牛排等。家庭早餐以及街上的小吃的制作更是离不开煎，如煎鸡蛋、煎饼、煎饺子、香煎豆腐、煎年糕、蚵仔煎等。

煎还可配合其他烹饪方式，成就多重美味。比如在炖鲫鱼汤前，先将鲫鱼煎一下，既可去除腥味，保持鲫鱼完整的外形，又能使油脂发生乳化反应，让汤汁呈现诱人的奶白色。

街边小吃蚵仔煎

炸：外酥里嫩

炸，指在锅中加入能没过食材的油，待油热后，放入食材，使用油作为传热介质将食物烹熟。

油的温度较高，高温令食材表面形成金黄色、酥脆的外皮，食材内部则仍是软嫩的状态，因此高温油炸食品常常具有外酥里嫩、鲜香嫩滑的口感。

炸的历史可追溯到春秋战国时期。当时铁质锅釜兴起，动物性油脂（如猪油、牛油等）逐渐被人们食用，这为炸提供了有利条件，一

炸糖糕

些炸制的食物开始登上人们的餐桌。

如今，我国的油炸食品已经十分丰富，炸油条、炸油饼、炸丸子、炸糖糕、炸鸡、炸蘑菇等都是常见的油炸食品。炸也常常配合其他烹饪方式制作菜肴，如淮扬菜狮子头就是将肉丸先炸再烧。

炒：汁多味美

炒，指将食材切成丝、片、条或丁状，在锅中放入少量油，油温热后，将切好的食材放入锅中翻炒，以油作为传热介质将食物烹熟。炒的使用非常广泛，无论是在家庭中还是餐厅中，炒菜都极受欢迎。

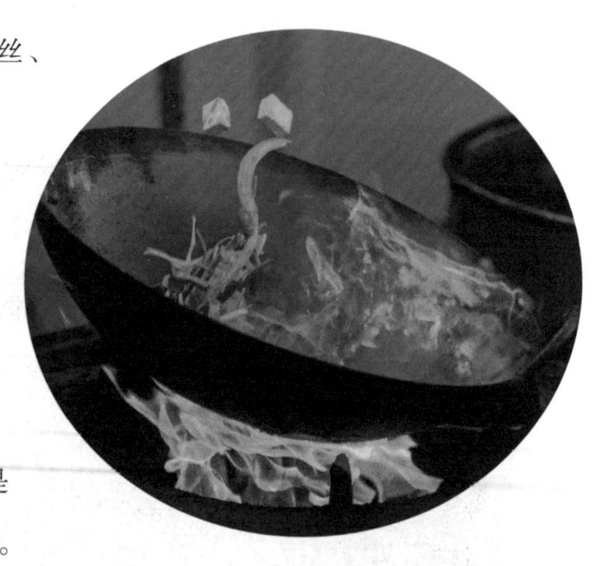

大火爆炒

蒸、煮菜肴口味清淡、营养健康，油炸食品外酥里嫩、香气逼人，但是其中的脂肪过多。而炒介于两者之间，少量的油脂均匀地包裹住食材，热气恰到好处地激发出食材的鲜香味。

南北朝时期，北魏杰出农学家贾思勰在其著作《齐民要术》一书中记载了两道菜，分别是“炒鸡子法”和“鸭煎法”。书中记载的这两道菜的做法与炒这种烹饪方式如出一辙，可见早在南北朝时期就已经出现了炒这种烹饪手法。至北宋时期，炒菜成为酒肆、饭馆的招牌菜，之后炒菜逐渐普及，进入寻常百姓家，并一直盛行。现如今，八大菜系中以炒法烹制的菜肴依然占据重要地位。

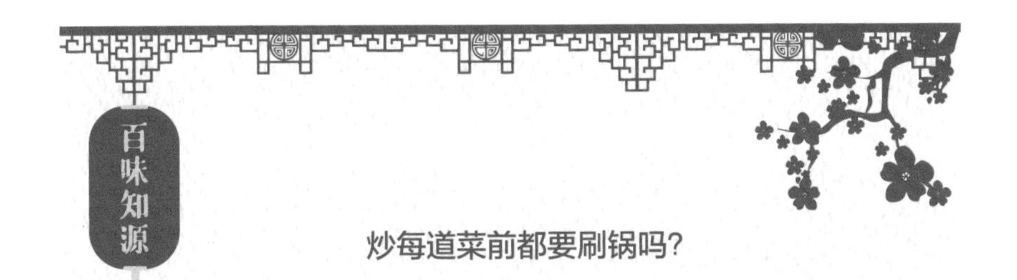

炒每道菜前都要刷锅吗?

在做饭时，有时要炒多个菜，那么是不是炒每个菜前都要刷锅呢?

答案是肯定的。一方面，每道菜都有不同的味道，如果不刷锅，上一道菜可能会影响下一道菜的味道，导致“串味”；另一方面，炒完菜锅里会残留上道菜留下的残渣、汁液等，这些物质长久重复加热会焦化并产生有害物质，如果误食，就会影响身体健康。因此，在炒每道菜前，都应先刷锅。

烧、烤、熏

为了激发肉的香味，人们发明了多种烹饪方式，而烧、烤、熏就是其中极受欢迎的烹饪技法。

烧：汁浓味厚

烧，指将食材预先处理后，在锅中加入油和调料，再放入处理好的食材进行翻炒，然后加入水或高汤小火慢煨，直到食材软糯后用大火收汁，即可得到色、香、味俱全的佳肴。

烧，常常用于烹制肉类，如红烧鸭脖、红烧排骨、红烧肉、腐竹烧肉等。早在北魏贾思勰的《齐民要术》中就记载了红烧肉的具体做

法；而北宋文学家苏轼（号东坡居士）更是对这道菜偏爱有加，他不仅改良了红烧肉的做法，还将自己的烹饪经验写入《食猪肉诗》中。

红烧排骨

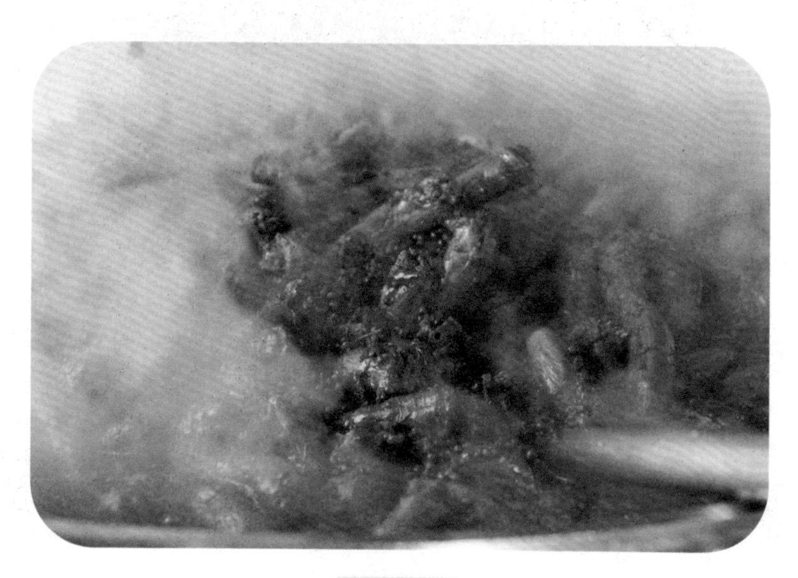

红烧鸭脖

烤：酥脆焦香

烤，指将预先腌制过或调好味的食材放在烤具内部，通过明火或电产生的热量将食物烤熟。

在烤的过程中，食材表层水分流失，表面焦化，口感变得酥脆，产生一种特别的香气。

烤可能是人类最早使用的烹饪方法，从人类制作熟食起，烤制食物的方法就经常被使用。考古证据表明，人类意外食用由山火烤熟的

在烤鸭炉中用明火烤鸭子

食物后，发现熟的食物更好吃，于是开始用火制作熟食，而最初使用的烹饪方法就是烤。

如今，随着科技的进步，烤的途径更加丰富。人们不仅可以通过炭火等明火烤，也可以通过烤箱、电烤炉等进行电烤。烤的方式也多种多样，如挂火烤、焖炉烤、烤盘烤、叉烤、串烤、炙烤等。

烤这种烹饪方式历史久远，因其简单易行、烹制的食物味道鲜美而一直深受人们欢迎。

熏：味道醇香

熏，指用木柴、木屑等的烟火灼炙食物。食物在熏制过程中能够吸附燃料特殊的香气，从而拥有别样的风味。

熏这种食物加工手法常常用于加工肉类，如熏鸡、熏肠、熏制腊肉等。食物经过熏制后色泽鲜艳、晶莹剔透，一部分脂肪在熏烤时析出，令食物形成肥而不腻、醇香的口感。

人们用于熏肉的燃料也颇有讲究。山东的熏猪蹄、熏鸡和东北的熏肠常常使用白糖作为熏料，这既能帮助食物上色，又能令食物吸附焦糖的香味。河北张家口的柴沟堡熏肉则是使用白糖与柏木一起熏制，令食物更添柏木的清香。

南方的熏制法与北方略有不同。北方通常将食物加工成熟后再熏制，南方则是将生料腌制处理后直接熏制，之后再蒸或煮。南方熏肉的燃料也与北方不同，川菜中的樟茶鸭所用的熏料为樟木，湖南人熏制腊肉常常使用花生壳、谷糠等。

熏制腊肉

卤、汆、贴

中国菜的烹饪技法丰富多样，同是用水和油烹饪，除了煮和煎，还有卤、汆、贴等烹饪方式。不同的烹饪方式带给味蕾不同的味觉感受。

卤：咸香嫩滑

卤，指先使用多种调料调制卤汁，然后将食材放入卤汁中，在持续加热和浸润的过程中，卤汁的味道融入食材内部，令食材形成特殊香味。

卤制的食材味道更加丰富，调料的味道可以去除食材本身的腥味并激发食物的香味。

卤蛋

采用卤的方式进行烹饪的历史可以追溯到战国时期，《华阳国志》中记载了当时的饮食习俗，即“尚滋味，好辛香”。可见，当时的人们已经学会使用调料制作卤水，并卤制菜肴。

卤制食品脆嫩爽滑、酥烂干香，深受人们喜爱。卤鸡、卤鸭、卤猪蹄、卤蛋等不仅是人们餐桌上的常见菜肴，更是人们出行时方便携带的美味。

卤猪蹄

氽：细嫩爽口

氽，指将食材放入沸水中，待再次水开并大滚时，连汤盛出食材。

氽这一烹饪方法能够充分保留食材的营养成分，并保持食材爽滑、鲜嫩的口感，如入口爽滑的氽白肉、滑嫩可口的氽丸子等。

广东省潮汕地区的传统特色小吃“潮汕鱼丸”就是使用氽的烹饪技法制作而成。

氽丸子

贴：一面焦脆，一面鲜香

贴，指在锅中置少量油，待油温热后放入黏合在一起并挂糊的食材，通过油传热，将一面煎透，然后加入调制好的调味品起锅。

贴与煎都是通过油传热将食物烹熟，二者的区别在于贴只煎一面。使用贴的方法烹制的食物一面焦脆，一面鲜嫩，食物口感层次丰富，酥脆且嫩滑。中国著名传统小吃锅贴，就是利用贴的烹饪方法制作而成。锅贴一面色泽金黄，口感酥脆，一面软韧，内馅鲜香，深受人们喜爱。

锅贴

烩、熘、煸

烩融合多种食材，熘让食材滑嫩可口，而煸则将食材的味道进行浓缩。它们各有千秋，令食物的风味更加丰富。

烩：汤料各半

烩，指将多种不熟或半熟的食材混合并放入锅中，加入水或汤汁，经过调味后，用淀粉勾芡或用其他方式使多种食材融为一体。

使用烩的方法烹制出的菜肴含有较多的汤，菜与汤融为一体。可以将烩菜看成是羹的演进品，但烩比羹更加注重食材的质感。河南烩菜、河北熬菜等都是人们喜爱的烩制菜肴。

烩菜有着悠久的历史。汉代刘歆所著的《西京杂记》中记载了汉成帝时王家“五侯”喜爱的名菜“五侯鲭”。《齐民要术》中记载,“五侯鲭”做法是“用食板零揲，杂鲊、肉，合水煮，如作羹法”。可见，早在汉朝时期烩菜就已经存在。

烩菜以其超强的容纳力，融合多种食材的精华，受到各地百姓的喜爱。

烩菜

熘：滑嫩可口

熘，指先通过煮、蒸、炸、炒等方式将食材烹制成熟，然后调制芡汁，并将芡汁淋到食材上，最后收汁完成。通过熘制作的菜肴滑嫩可口，香气四溢。

熘的做法起源于南北朝时期，当时的“臆鱼”“白菹”等都是熘做法的雏形。宋朝时期流行的菜肴“醋鱼”与如今的西湖醋鱼做法基本一致，采用的就是熘的做法。如今，在延续古法的基础上，出现了更多熘制的菜肴，如熘肉段、糟熘鱼片、糖醋熘排骨等。

熘肉段

糟熘鱼片

煸：酥软醇香

煸，指在锅中加入少量油，待油热后再将食材放入锅中翻炒，用中小火将食材中的水分煸出并将食材烹熟，最后进行调味。

使用煸的方法烹制的菜肴干香滋润，菜品色黄油亮，吃起来酥软醇香。干煸四季豆、干煸鳝丝、干煸肉丝、干煸冬笋等都是餐桌上备受人们喜爱的煸制菜肴。

干煸四季豆

干煸鳝丝

第四章 八大菜系，聚地方特色

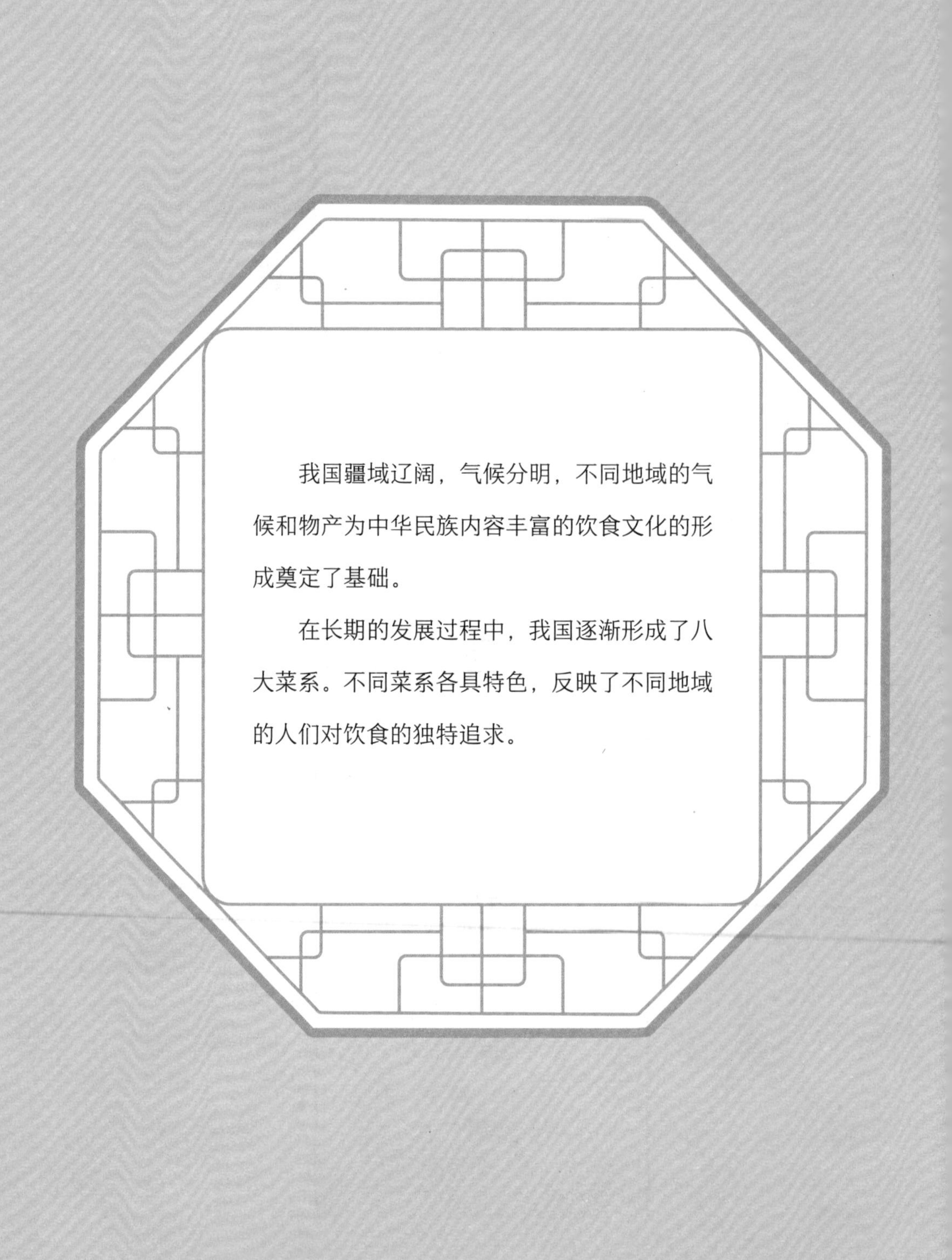

我国疆域辽阔，气候分明，不同地域的气候和物产为中华民族内容丰富的饮食文化的形成奠定了基础。

在长期的发展过程中，我国逐渐形成了八大菜系。不同菜系各具特色，反映了不同地域的人们对饮食的独特追求。

鲁菜：真材实料，味纯鲜嫩

鲁，山东的别称。鲁菜，俗称山东菜，是我国山东地区传统菜肴的统称，是一种历史久远、影响广泛的自发型菜系，也是我国八大菜系中烹饪技法最丰富、最考验烹饪者厨艺的菜系。

黄河流域饮食文化的代表

山东位于黄河下游。这里气候适宜、土壤肥沃，多平原、丘陵，灌溉用水方便易取，为当地的农业、渔业发展奠定了良好的基础，农作物、水产丰富，食材品种多样。《黄帝内经》中有关于“东方之域，天地之所始生也。鱼盐之地，海滨傍水，其民食鱼而嗜咸，皆安其处，美其食”的记载，这里的东方之域，指的是山东滨海地区。山东地区三面环海，依山傍水，自然会成为美味佳肴的发源地，是黄河流域饮食文化中重要的代表。

北魏末年农学家贾思勰所著《齐民要术》中提到黄河中下游地区的蒸、煮、烤、酿、煎、炒、熬、烹、炸等二十余种烹饪技法，记录和反映了当时鲁菜的许多菜品和高超烹饪技法。鲁菜的烹饪技法基本奠定了中国传统烹饪技法体系基础。

唐宋时期，鲁菜的规模和影响力不容忽视。唐朝著作《酉阳杂俎》中记载，鲁菜“物无不堪吃，唯在火候，善均五味”，说明了鲁菜善烹饪和调味。宋时汴梁繁华，三大菜系[①]之一的北食代表菜即鲁菜。

明清时期，山东厨师和菜品开始大量进入宫廷。鲁菜的地位进一步提高，影响范围进一步扩大。其华贵大气、平和养生的饮食特点也进一步凸显。

在长期的发展过程中，鲁菜逐渐形成了独具地域特色的饮食礼仪与哲学，深深地影响了一代又一代的齐鲁儿女。

齐鲁大地是儒家文化的发源地，鲁菜也深受儒家文化的影响，在饮食方面待客豪爽、注重礼仪、讲究养生。鲁菜的饮食礼仪具有典雅大气的特点，并能通过地方饮食规律和特点传达养生之道、为人之道。

① 宋代三大菜系：北食、南食、川饭。

首先，鲁菜食器、饮器体量大，多用大盘大碗，实在又实惠，注重菜品的质量。鲁菜宴席丰盛，有“十全十美席”“大件席”“海参席”“四四席”等，菜品丰盛，用料十足。

其次，鲁菜讲究上菜顺序、重视细节。《管子·弟子职》中记载：“置酱错食，陈膳毋悖。凡置彼食，鸟兽鱼鳖，必先菜羹……饭是为卒，左酒右酱……同嗛以齿，周则有始。”意思是说摆放饭食、酱料时，不能违反饮食礼仪。上菜时，先上蔬菜、羹汤，然后是各类肉食菜肴，最后上饭（主食）。

最后，鲁菜重视养生。这一方面表现在鲁菜重视食材的原汁原味上，另一方面表现在鲁菜享用过程中的饮食合理搭配上。《论语·乡党》中有关于孔子“食不厌精，脍不厌细”的记载，说的是任何时候，菜肴的制作都不应嫌处理过程烦琐，应尽量精细。另外，《论语·乡党》中还提出“肉虽多，不使胜食气”“唯酒无量，不及乱”，意思是在宴席上，不能只吃荤菜，而应谷肉兼食，不能毫无节制地饮酒。

通过饮食彰显礼仪文化、养生哲学、为人之道，是鲁菜饮食文化的重要组成部分。

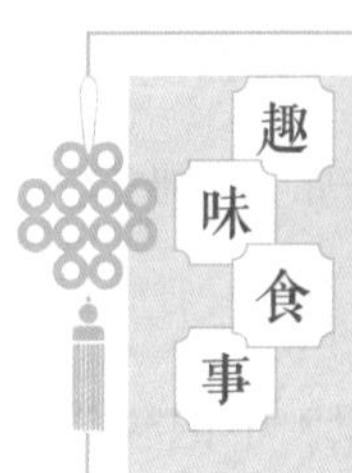

孔子以食喻礼

孔子是我国古代伟大的教育家，也是礼仪的践行者。《韩非子·外储说左下》中曾记载孔子以食喻礼的一段故事。

故事是说，鲁哀公赏赐孔子桃子，并给孔子发了黍用于擦桃毛，孔子却先后吃了黍和桃，众人皆笑孔子。孔子则说道：“夫黍者，五谷之长也，祭先王为上盛。果蓏有六，而桃为下，祭先王不得入庙。丘之闻也，君子以贱雪贵，不闻以贵雪贱。”大意是说，黍是五谷之尊，桃为果中下品，用尊贵的黍来擦下品的桃，有悖礼仪，不能这样做。

追求至真的饮食风味

鲁菜是在地域物产丰富、食材品类繁多的基础上发展而来的。其制作过程讲究用料丰富、均衡，尊重食材的原始鲜味，追求菜肴的至真、至纯、鲜嫩的风味。

鲁菜烹饪方法多样，不同烹饪方法都要求不破坏食材本身的味道，如少油、快炒，能最大限度地避免食材营养物质（蛋白质、维生素等）流失，同时使食材保留鲜美的味道。

鲁菜的调味食材中，葱、姜、蒜是必不可少的调味“三件套”，也会使用如八角、桂皮等调料，较少使用经过再加工的调味品。

鲁菜中的汤主要为“清汤”“奶汤”，强调汤为百鲜之源，应保持清鲜。常见汤菜主要有清汤银耳、奶汤蒲菜等。

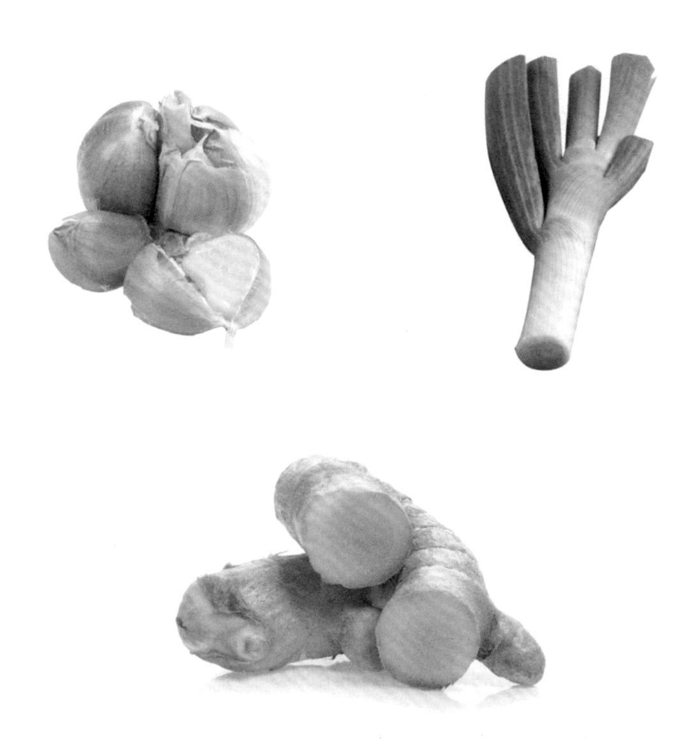

鲁菜调味“三件套”

经典名菜

鲁菜经典菜品有糖醋鲤鱼、糖醋里脊、油焖大虾、芙蓉鸡片、黄焖鸡、烧二冬、赛螃蟹、阳关三叠、诗礼银杏等。

◆ 糖醋鲤鱼

糖醋鲤鱼是鲁菜中的传统菜肴。所用的鱼就地取材，是山东境内黄河中的鲤鱼。《济南府志》曾记载："黄河之鲤，南阳之蟹，且入食谱。"鲜美的食材是糖醋鲤鱼鲜香味的重要基础。

制作糖醋鲤鱼所用配料主要有木耳、荸荠、笋、醋、黄酒、白糖、酱油、水淀粉、葱、姜、蒜等。制作过程是先将鲤鱼清理干净，在鱼背上划刀口后稍腌制，再裹面粉下热油锅炸透，最后将各种辅料烧浓汁并浇在鱼身上。

糖醋鲤鱼为酸甜口，外酥里嫩，味道鲜美，是宴会上极受欢迎的佳肴。

◆ 油焖大虾

鲁菜油焖大虾所用的虾以清明前渤海湾的大对虾为佳。清代《记海错》中曾提到，渤海中"有虾，长尺许，大如小儿臂，渔者网得之，两两而合，日干或腌渍，货之谓对虾"。山东海域大对虾体形硕

糖醋鲤鱼

油焖大虾

大、肉质饱满。近年来流行用淡水螯虾（小龙虾）为食材制作油焖大虾，源于鄂菜，非鲁菜。

用油焖制对虾，用时短，易锁鲜，成色油亮，食之味美。

◆ 赛螃蟹

赛螃蟹，不用螃蟹，味似螃蟹，故得名。

赛螃蟹选用鱼肉、鸡蛋为主料，加各种调料炒制而成。鱼肉似蟹肉，蛋黄如蟹黄，口感滑嫩，营养丰富。

赛螃蟹

徽菜：原汁原味，古朴典雅

徽菜，是地缘性较强的菜系，融合了多个地域的菜肴特色，包括皖南菜、皖北菜、合肥菜、淮南菜等，以皖南菜为代表。

源自古徽州的地方菜

徽菜起源于古徽州。明清时期，徽商足迹遍布全国乃至海外，徽菜也跟随徽商的脚步传遍大江南北，是徽文化[①]的重要组成部分。

① 徽文化，其主要内容包括徽商、徽菜、徽派建筑、徽州村落、徽州方言、徽州民俗等。

徽菜文化底蕴深厚，重视食材本味，烹饪技法丰富，菜品咸鲜，常见名宴有八公山豆腐宴、包公宴、洪武宴等，风格古朴典雅。

徽菜在发展过程中兼容并蓄，融合了安徽其他地方菜肴特色，逐渐发展成为南北咸宜的特色地方菜系。

追本溯源的饮食风味

徽菜讲究食材新鲜，原汁原味，成品古朴典雅。徽菜以安徽特产为主要原料，如竹笋、香菇、木耳、板栗、石鸡（即石蛙）、甲鱼等，无一不是家乡的味道。

徽菜在处理过程中会结合不同食材特点进行烹制和调味，菜肴成品味道鲜浓，甜咸适宜，老少皆宜。也正因此，徽菜不仅能为徽商解思乡之苦，亦成为徽商招待贵客和合作伙伴的桌上佳品，并得以在全国各地广泛流传。

徽菜的烹调方法丰富，以烧（红烧）、炖、熏、蒸闻名，通过不同烹调方法来最大限度地留住食材的本味，并使菜的味道更加浓郁。古徽州地区多山坡、山林，有大量可用于生火的木材，油菜种植广泛。徽菜在烹调过程中，使用纯天然的木材生火，选用本地生产压榨的菜籽油，形成了徽菜独特的地方风味。

婺源（古属徽州府）起伏的山峦与油菜花田

经典名菜

据不完全统计，徽菜传统菜品有六百余种，其中腌鲜鳜鱼（臭鳜鱼）、徽州毛豆腐、八公山豆腐、徽州蒸鸡、问政山笋、杨梅圆子、一品锅等，均是徽菜中颇具代表性的名菜。

◆ 臭鳜鱼

臭鳜鱼，其闻起来臭，吃起来香，是典型的徽菜。

臭鳜鱼的制作基本上要经过腌制和油煎两大步骤：先将新鲜的鳜鱼处理干净，切花刀后周身涂抹盐，鱼肚塞入姜、葱，腌制数天；再取腌好的鳜鱼煎熟，锅内淋入酱油、料酒、鸡汤、猪油，勾薄芡，中火烧煮、大火收汁，撒葱花点缀。出锅后的成品臭鳜鱼形态完整，色泽红亮，肉质滑嫩香醇。

臭鳜鱼

◆ 烤 / 煎毛豆腐

毛豆腐，又称霉豆腐，是豆腐经发酵霉制而成。毛豆腐的表面会长满一层长、细、密的白色绒毛，故得名。

毛豆腐

关于毛豆腐的来源有这样一个传说。相传朱元璋反元起义期间，兵败徽州，饥饿难耐，有随从在已逃难的百姓家中搜寻到几块豆腐，只是存放时间已久，豆腐已经发酵长毛。因别无他选，于是随从只得将长毛的豆腐用炭火烤熟拿给朱元璋吃。出人意料的是，毛豆腐烤制后味道异常鲜美。后朱元璋率军大捷，特意令随军厨师制作毛豆腐犒赏将士，徽州毛豆腐的制作与烹饪方式也由此流传至今。

徽州毛豆腐的制作要求对发酵的过程把控得当，这样豆腐内的蛋白质可被充分分解成多种氨基酸，营养丰富。在徽州毛豆腐烹饪过程中，或炭烤，或油煎，配以少许佐料，口感醇香，味道鲜美。

一品锅

一品锅是融汇了各种珍贵食材的安徽传统名菜，是一种食材和规格都比较高端的徽州火锅。其制作过程十分考究，连带盛具、上菜程式、食用意义也尽显高贵格调。

相传，明代官员毕锵的一品诰命夫人余氏擅烹饪。一日，皇帝来家中做客，余氏特选珍贵食材做徽州特色火锅，皇帝食用后赞不绝口，称出自一品诰命夫人之手的“一品锅”名不虚传，一品锅由此得名。此后这道菜便成为徽州招待贵客的必备菜肴。

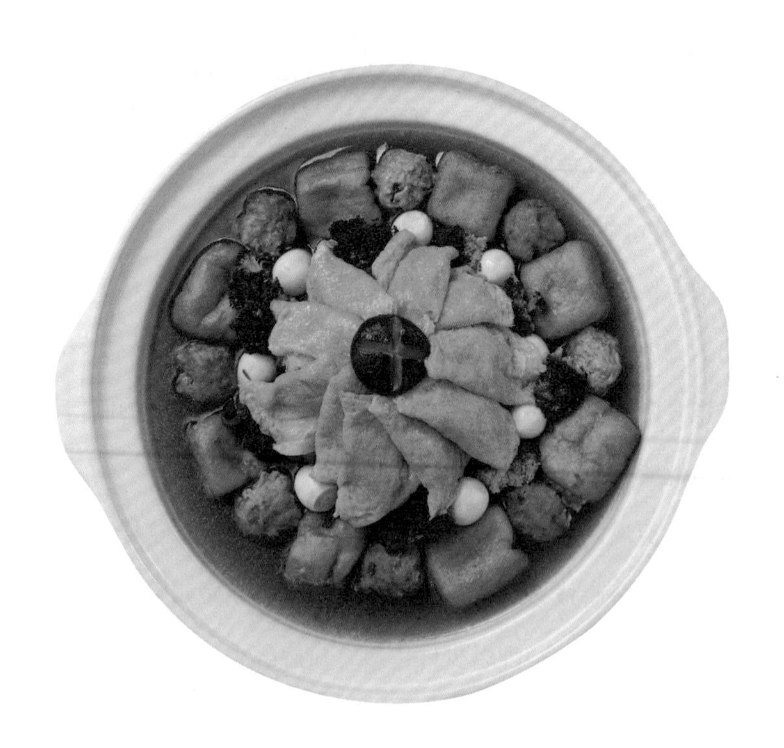

一品锅

一品锅用料讲究。在烹调过程中，厨师将各种食材、配料调制后，取大铁锅，从底部向上分若干层，依次铺各种食材，如萝卜、笋、冬瓜，各种肉类间隔其中，一种菜品铺满一层，层越多越高越好；各类食材铺好后，先用猛火烧，再转温火慢炖数小时。各种食材的味道在锅中被充分激发出来，层次丰富，味道醇香，食之令人回味无穷。

现在，一品锅作为古徽州地区的家常菜，食材更加丰富。除了经典的萝卜、笋等，也常点缀油豆腐、蛋皮饺等，可根据个人喜好搭配各类食材。

川菜：百菜百味，无辣不欢

川菜味丰、味鲜、味辣，可谓特色鲜明，在中国八大菜系中是以味著称的菜系。

从蜀文化中走来的川菜

众所周知，蜀文化闻名遐迩，在距今五六千年的巫山大溪文化遗址，曾出土各种陶制饮食器具，包括鼎、釜、盘、碗、豆、壶等。广汉三星堆遗址还曾出土商周时期的各类青铜饮食器具。

秦汉时期，川菜粗具规模，西汉文学家扬雄作《蜀都赋》称："调夫五味，甘甜之和，芍药之羹，江东鲐鲍，陇西牛羊。"可见，当时

蜀地饮食风味丰富、食材广泛。

至东晋，蜀地饮食风味开始自成一派，体现为“尚滋味”“好辛香”（《华阳国志·蜀志》），与之前趋近中原地区饮食风味的“调夫五味”有所区别。

茶马古道的开辟，让包括饮食文化在内的蜀文化对外交流增多，吸引了诸多文人、商人，蜀地饮食文化也进一步得到丰富。

明清时期，我国其他地区以及国外农作物被引入四川，尤其是辣椒的引入，符合四川人“好辛香”的传统风味，成为川菜佐料的新选择，并迅速占据川菜辛辣佐料的主要地位。自此以后，川菜“无辣不欢”的菜系特色与风格进一步发展并定型。

川菜在风味上与其他菜系有明显的区别，川菜根据地方风味又分不同派系。现在一般认为，川菜可分三派，即上河帮川菜、小河帮川菜、下河帮川菜。（表 4–1）

表 4–1　川菜流派

流派	地区	特点
上河帮川菜	成都、乐山等	味丰、较清淡
小河帮川菜	自贡、宜宾、泸州、内江等	味丰、味厚、味重
下河帮川菜	达州、重庆、万州等	麻辣、辛香

整体来看，川菜的食材取材广，多为家常菜，同时不乏山珍海味。

丰富多变的饮食风味

正所谓“食在中国，味在四川”。川菜食材取材广泛，以家常菜为主，烹饪方法多样，因此百菜百味，有香辣、麻辣、酸辣、鱼香、姜汁、陈皮、芥末、纯甜、怪味等多样味型，能给人带来丰富而极致的味蕾体验。

在所有风味中，川菜的辣味尤为突出。现在人们一提起川菜，脑海中首先想到的便是火辣辣的辣椒。

川菜擅用三椒[①]，以辣为主，这与其地理环境与气候有着密切的关系。四川盆地地势较低，常年气候湿润，生活在这里的人们湿气较重，而吃辣能加快血液流动、增加排汗，对身体健康有益。因此自古以来，这里的人们“好辛香”。只是在明朝以前，人们以姜、蒜调味，明朝时期辣椒被引入四川，成为川菜调味的主料。

除了在菜中直接加入辣椒，川菜还擅用豆瓣调味。豆瓣是以辣椒、蚕豆、盐、面粉等为原料发酵而成的辣酱，是川菜中很多菜品制作过程中不可缺少的调料，是川菜提味的佳品。

① 三椒：辣椒、胡椒和花椒。

经典名菜

川菜的代表菜有很多，如鱼香肉丝、麻婆豆腐、宫保鸡丁、水煮肉片、夫妻肺片、泡椒凤爪、口水鸡、辣子鸡、重庆火锅等，都是当地人常吃的菜肴，也是外地人入川必尝的地道美味。

◆ 麻婆豆腐

麻婆豆腐做法简单，味道麻辣，是川菜中的经典名菜。

麻婆豆腐选用豆腐为主料，配肉末、辣椒面、花椒面、豆瓣、酱油、淀粉等烧制而成，汇聚麻、辣、鲜、香、嫩等多种口味，是四川人饭桌上的家常菜。因风味鲜明，麻婆豆腐也成为很多国际友人印象中的中国名菜。

麻婆豆腐

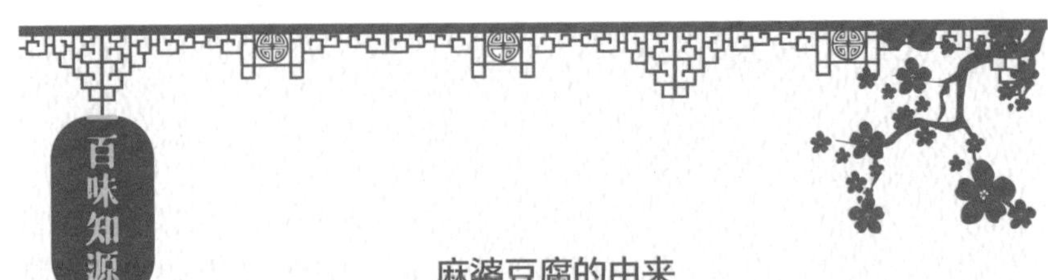

麻婆豆腐的由来

相关史料记载，麻婆豆腐始创于清朝同治年间。据说当时成都万福桥边曾有家饭铺，因老板娘面部长有麻点，人称“陈麻婆”。陈麻婆做出的烧豆腐麻辣鲜香，颇受食客喜爱，人称“陈麻婆豆腐”，是店内来客必点的招牌菜。

民国诗人冯家吉在《锦城竹枝词》中写道：“麻婆陈氏尚传名，豆腐烘来味最精。万福桥边帘影动，合沽春酒醉先生。”《成都通览》记载，清朝末年，成都美食中，麻婆豆腐榜上有名。

由此可见，麻婆豆腐已有约160年的历史了，一直都是四川人民餐桌上的重要菜品。

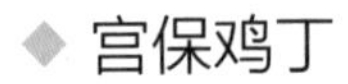

宫保鸡丁

宫保鸡丁在川菜、鲁菜菜单中均有收录，其由四川走向宫廷并成为御菜，尔后在民间广泛流传。

清朝年间，山东巡抚丁宝桢对饮食颇有研究，而且喜欢吃辣，曾命家厨改良鲁菜“酱爆鸡丁”。后丁宝桢担任四川总督，将川菜风味融入酱爆鸡丁中创制“辣炒鸡丁”。这道菜因味丰、味美而逐渐走出深宅大院，流入民间，在四川地区广泛流传。再后来这道菜进入宫廷，成为一道御菜。

“宫保”为丁宝桢的官衔，其任四川总督期间多有建树，任上殉职后被追赠“太子太保”（“宫保”之一）。人们为纪念丁宝桢，遂将其创制的辣炒鸡丁名字改为“宫保鸡丁”。

宫保鸡丁以鸡丁为主料，以红辣椒、花生米、葱段等为辅料，下锅爆炒，成品色泽鲜亮，食之可有辣、甜、鲜嫩、香脆等多种口感，味道丰富，百吃不腻。

宫保鸡丁

◆ 鱼香肉丝

鱼香肉丝虽然只有几十年的历史（形成于抗日战争时期），却是四川省的“天府名菜”，是川菜的代表性菜品。

鱼香肉丝选取肉丝为主料，加辣椒、姜、蒜、糖、醋炒制，在物资匮乏的年代人们为节省食料，会减少肉丝，加入木耳丝或胡萝卜丝。该菜虽然没有鱼肉，却能用民间特色调味法调出鱼香味，这也是鱼香肉丝口味的精华所在。

鱼香肉丝

◆ 重庆火锅

重庆火锅起源于明末清初，起初是为加快做饭速度和缩短吃饭时间而发明的，是一种比较粗犷的饮食方式和菜式。

重庆火锅将川菜中的辣味融入火锅中，将辣味发挥到极致。猪黄喉、鸭肠、牛毛肚、牛血旺等是重庆火锅中经常出现的经典食材，将食材放入火锅，讲究沸煮，对煮的时间亦有讲究，不可夹生，也不可将食材煮老。如今的重庆火锅以辣著名，兼有麻味，是偏好重辣重麻口味的人的首选。亲朋好友围坐一桌，涮煮自己喜欢的食材，谈笑风生，好不自在。

重庆火锅

湘菜：入味浓郁，咸辣酸香

湘菜，即湖南菜，其融合湘江流域、洞庭湖区、湘西山区地方风味，是历史悠久的菜系。

从史料中探寻湘菜发展史

湘菜发展根植于源远流长的湖南饮食文化，湖南饮食文化最早的记载见于先秦时期。

战国末年，我国古代爱国诗人屈原被流放到湖南，著《楚辞》，其中的《招魂》篇中记载了当时祭祀所用菜肴、酒水等："室家遂宗，食多方些……大苦咸酸，辛甘行些。肥牛之腱，臑若芳些。和酸若苦，陈吴羹些。胹鳖炮羔，有柘浆些。鹄酸臇凫，煎鸿鸧些。露鸡臛蠵，厉而不爽些……华酌既陈，有琼浆些。”从中可以看到，为祭祀所做的家宴饮食丰盛，苦、咸、酸、辣、甜滋味多样，有炖牛腱、炖甲鱼、烤羊羔、醋熘鹅肉、煲野鸭、卤鸡等各类菜肴，另有各类小吃与美酒。由此可见当时湖南地区物产丰富，烧、烤、煎、煮、蒸、炖、卤等烹饪技法丰富、纯熟。

秦汉时期，食材、用料的丰富，以及烹饪技法的进一步发展为湘菜体系的建立奠定了基础。长沙马王堆汉墓出土的随葬遣策[①]中，记录了当时百余种珍馐佳肴——“牛炙一笥”“犬肝炙一器”“鲜鳜、禺（藕）、鲍白羹一鼎”“鹿肉、鲍鱼、生笋白羹一鼎”，有牛、羊、犬、鸡、鱼等各类现代常见肉食，还有各种野味，肉食类烹饪与制作技法丰富，有炙（烧烤）、羹（煮、炖）、脍、熬、濡（浇汁）、昔（腊）等。此外，还有各种美酒、瓜果、酱料等。这些史料反映的是当时贵族的饮食情况，在菜肴的选材、烹饪、用料（盐、糖、蜜、梅、酱、豉、曲、桂皮、花椒、茱萸等）等方面相较以前已经非常成熟，菜肴体系非常完整和丰富。

唐宋以后，湖南饮食文化发展更加完善，湘菜逐渐形成。民国时期名人谭延闿及其家厨创制组庵湘菜，构成如今完整的湘菜体系。

① 记录随葬品的清单。

嗜苦嗜辣的饮食风味

在八大菜系中，湘菜风味独特，不少菜肴注重苦味。

《楚辞》中的《招魂》篇中的“大苦咸酸，辛甘行些”，说明了湖南人有重苦味的历史。如今，在湖南人的饮食中，湖南特色“浏阳豆豉”味如苦瓜、苦荞麦，是湖南当地特色调味品。

除了嗜苦，湘菜也具有嗜辣的风味特点。湘菜中的辣味大多浓郁、厚重，辣还可以与酸、咸、麻、甜等味道相结合，细分为酸辣、咸辣、麻辣、甜辣（鲜辣）等多种风味。

湘菜嗜苦嗜辣的饮食风味在很大程度上受湖南地理环境因素的影响。湖南东、南、西三面环山，为马蹄形地形，气候属于亚热带季风湿润气候，虽然闷热、潮湿程度不及四川盆地，但自古便多雨潮湿，暑热时间较长。司马迁在《史记》中记载：“长沙，卑湿之地。”因此，在这里生活的人多患暑病、风湿病，通过饮食可以在一定程度上缓解身体不适。《素问·阴阳应象大论》中称：“酸、苦涌泄为阴。”《本草备要》中则称：“苦者，能泻，能燥，能坚。”意思是说食苦具有泻火、祛湿、健胃的效果，而食辣有助于御寒、祛湿、开胃，这正是湘菜嗜苦嗜辣的饮食风味形成的重要原因。

在苦、辣的基础上，湘菜用料广泛、制法丰富、制作精细，因此饮食风味比较丰富和多变。

经典名菜

湘菜菜品丰富，代表菜品主要有组庵豆腐、剁椒鱼头、湘西外婆菜、衡阳鱼粉、吉首酸肉、永州血鸭、东安鸡、手撕鸡、腊味合蒸等。

◆ 剁椒鱼头

剁椒鱼头以鳙鱼鱼头、剁椒为主料，以葱、姜、蒜、豉油、醋、糖等为调料，稍经腌制而后蒸制而成。成品色泽鲜亮，肉质鲜嫩，口感软嫩、鲜辣。

剁椒鱼头

◆ 湘西外婆菜

湘西外婆菜，又名万菜，是湘菜中的民间菜系。相传，湘西地区有女儿出嫁，一定会有一道外婆菜。外婆菜凝聚了酸甜苦辣，也寄托了长辈对女儿独立面对生活的祝福，是特色地方菜。

湘西外婆菜以湘西地区特有的野菜为主料，先将野菜晒干备用，再入坛腌制，食用时，加葱、姜、蒜、辣椒、盐、肉末等进行炒制，是一道非常开胃和下饭的家常菜。

湘西外婆菜

◆ 腊味合蒸

湖南气候潮湿，肉类食物不易保存，而经过熏制的肉类可存放很久，故湖南历来有做腊肉、吃腊肉的饮食习俗。腊味合蒸以腊肉（猪肉、鸡肉、鱼肉等）为主料，加少许高汤、调料蒸制而成，做法简单，腊味浓郁。

腊味合蒸

苏菜：精美细致，色艳味鲜

凭借江河湖海发达的水系，苏菜从水中接受大自然的馈赠，以水产为主要食材，形成内容丰富多样的菜系。

靠水吃水的精致菜肴

苏菜，是江苏菜的简称，是以江苏南京饮食为主要代表发展而来的菜系，具体还可以细分为金陵（南京的古称）菜、淮扬菜、苏锡菜、徐海菜等。苏菜具有偏爱烹鸡鸭及江鲜、重视食材本味、突出主料、造型新颖等特点。

江苏地区历史文化悠久。春秋时期，楚国设金陵邑。南京历来是我国南方重要的经济、文化中枢，有着优越的地理位置和丰富的水产资源。

南宋时期，苏菜（以金陵菜为代表）和浙菜所构成的“南食”流传广泛。明末清初，鱼类、鸭、虾蟹等一直是苏菜的重要食材来源。

除了食材以水产为主的特点，刀工讲究、造型精美也是苏菜的重要特点。

苏菜菜品在制作过程中较少使用珍贵的食材，厨师们为了让菜品出众，更加注重刀工、造型。绝大多数苏菜成品造型精美，在重大宴会中经常出现苏菜的身影。

喜甜味鲜的饮食风味

苏菜的饮食风味曾在唐宋时期经历过一次明显的调整。在唐宋以前，南方人的口味比较重，做的菜偏咸。后江南地区的饮食进贡至宫廷，为迎合北方贵族的口味，许多菜肴中需要加糖加蜜。靖康之变后，宋王室南迁，中原士大夫南下，中原饮食风味对江南地区的饮食风味造成了比较大的影响，南方菜肴喜甜的饮食风味由此而来。

整体来看，苏菜融合了南北方丰富多样的烹饪技法，食材多选用新鲜的水产。其菜品大多清鲜、浓淡适宜，再加上刀工精细、造型精美，可谓色、香、味、形俱佳。

经典名菜

苏菜中具有代表性的特色菜品有松鼠鳜鱼、彭城鱼丸、红烧沙光鱼、金陵烤鸭、金陵板鸭、高邮麻鸭、盐水鸭、老鸭汤、狮子头、清蒸蟹（阳澄湖大闸蟹）、凤尾虾、大煮干丝等。

◆ 松鼠鳜鱼

相传松鼠鳜鱼源自春秋时期吴国庖厨太和公的“全鱼炙”。乾隆下江南时，途经苏州松鹤楼菜馆，厨师做了一道松鼠鳜鱼，乾隆吃后盛赞，这道菜一时间名扬全国。

做松鼠鳜鱼时，取新鲜鳜鱼并将其处理干净后，在鱼身上改花刀，加调料稍腌后，挂蛋黄糊放入热油中炸，再淋上糖醋卤汁。成品口感酸甜、外脆里嫩，造型似松鼠，因此得名。清代菜谱《调鼎集》中记载，制作“松鼠鱼”应“取鯚鱼，肚皮去骨，拖蛋黄，炸黄，作松鼠式。油、酱油烧”。

◆ 狮子头

狮子头为扬州名菜，清代《调鼎集》中记载，狮子头制作宜取肋条肉，切长条，“加豆粉、少许作料，用手松捺，不可搓成。或炸或蒸（衬用嫩青）”。

松鼠鳜鱼

红烧狮子头

狮子头的蒸制过程非常重视火候，水烧开后，转微火焖约四十分钟，如此做出的狮子头肉质紧实、肥而不腻、入口即化。

根据烹饪和调味方法的不同，狮子头可清炖、清蒸、红烧，并可结合食材种类和个人喜好加入不同的配菜，如清炖蟹粉狮子头、河蚌烧狮子头、芽笋烧狮子头、红烧狮子头等。

大煮干丝

大煮干丝，又名鸡汁煮干丝、鸡火煮干丝、九丝汤。清朝《望江南》一词中有这样的句子："扬州好，茶社客堪邀。加料干丝堆细缕，熟铜烟袋卧长苗。烧酒水晶肴。"诗词中的"加料干丝"，即为大煮干丝。

大煮干丝

大煮干丝就是鸡汁煮豆腐丝，看似是非常简单的一道菜，其实对做菜者的刀工和对火候的把握要求非常高。

在备菜过程中，要求干丝的品质佳，需要做菜者将豆腐干先切薄片再切细丝，豆腐细丝应长短、粗细均匀。烹制时要先武火后文火，加高汤慢煮使干丝入味。装盘时可随季节的不同加入虾仁、豌豆苗、火腿丝、笋丝等作点缀。成品汤水清亮、干丝洁白，味道鲜美、清爽，营养丰富。

闽菜：万里飘香，变化万千

闽菜发源于福州。广义的闽菜包括福州菜、闽南菜、闽西菜三大流派，广泛流传于我国福建地区。

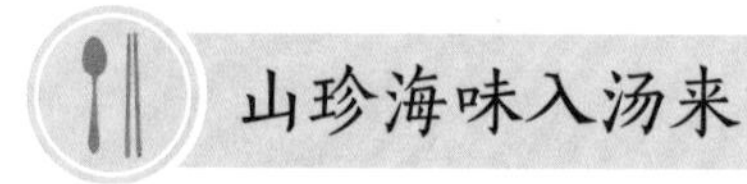

山珍海味入汤来

福建省，简称闽，地貌以山地、丘陵为主，素有“八山一水一分田”之称。这样的地貌特点使得福建省多山珍海味，这便是闽菜的选材基础。

闽菜的食材新鲜，故菜品也具有鲜香的特点，以荤香、不腻、汤路广泛著称。

在闽菜的发展过程中，其烹饪风格受到中原地区的“红曲酒糟”的影响，同时随着贸易的发展，应酬需求的增加也对菜品产生了较大影响。

大约在唐朝时期，红曲酒糟传入福建，红曲色泽鲜、香味浓，备受福建当地人们喜爱，成为烹饪中的重要调料。唐朝徐坚的《初学记》中记载：“瓜州红曲，参糅相半，软滑膏润，入口流散。”以红曲入菜，成为闽菜的重要特色。

明清时期，福建地区贸易繁荣，商人应酬用菜引领了闽菜的进一步发展。为了满足富商的应酬需求，造型高雅、风味独特成为闽菜发展的主要方向。

此外，汤菜在闽菜中占有非常重要的地位，是闽菜的主流菜品，一桌完整的闽菜中是万万不可缺少汤菜的。汤菜要求汤清、透，原汁原味。

多变求鲜的饮食风味

闽菜擅用调料，百汤百味。这是因为闽菜首选用水煮炖食材，最能体现出食材的原汁原味，而不同的食材味道不同，需要不同的调料搭配，这也造就了闽菜饮食风味的独特与丰富多彩。

闽菜多选山地、海水中的珍品为原料，通过不同的方法，烹制出多汤、清淡、滋补的美食。

经典名菜

闽菜的代表菜品有佛跳墙、鸡汤氽海蚌、淡糟香螺片、荔枝肉、翡翠珍珠鲍、煎海蛎、肉米鱼唇、红糟鱼、白雪鸡、走油田鸡、鸡丝燕窝等，选材广泛、珍贵，风味独特。

佛跳墙

佛跳墙

佛跳墙，又名福寿全，选珍贵食材以达到滋补身体、延年益寿的目的。

佛跳墙的常用主料有鲍鱼、海参、牦牛皮胶、鱼唇、蹄筋、瑶柱（干贝）等，珍贵食材有十余种，加高汤、老酒，文火煨制。该菜品入口温润、香嫩，余味无穷。

鸡丝燕窝

鸡丝燕窝所选食材也较为珍贵，燕窝本身为滋补品，鸡肉则选用雏鸡脯肉。这道菜做法讲究、口感醇美，是滋补的佳肴。

鸡丝燕窝

◆ 煎海蛎

煎海蛎以营养价值高的海蛎为主料，加鸡蛋、地瓜粉调和，用油大火煎制而成，可根据个人喜好加葱花、料酒、酱料等调味。

这道菜虽然做法简单，但味道鲜美，营养价值高，是福建当地的家常菜，备受当地百姓的喜爱。

煎海蛎

浙菜：选料时鲜，品食忘归

浙菜，即浙江菜，食材取自“鱼米之乡”的丰富物产。鱼虾蟹蚌、稻麦果蔬、家畜家禽等，结合丰富的烹饪技法，形成了独具地方特色的浙菜。

遵四时之序，选时鲜之材

浙江地处长江三角洲的富饶之地，具有得天独厚的农业、渔业发展条件，《史记·货殖列传》记载：“楚越之地，地广人稀，饭稻羹鱼。”

浙江的丰富物产使得浙菜菜品多样，名菜迭出，如宋代的东坡肉、咸件儿、蜜汁火方，明末清初的叫花童鸡（黄泥煨鸡），都有悠久的历史。

隋唐时期，京杭大运河的开辟为浙菜带来了宫廷菜肴风味，加上水利和贸易的发展，极大地丰富了浙菜的菜品口味、烹饪技法，浙菜调和南北饮食，繁荣发展。

民国时期，浙江地区饭馆林立，不同菜系流派汇聚于此，如京帮馆子、徽帮馆子等，创制了一批新菜式，如西湖醋鱼、龙井虾仁、挂炉烤鸭（由北京烤鸭演变而来）、鱼头豆腐、件儿肉、冰糖甲鱼等，选材皆因地制宜、因时制宜，不违时鲜，进一步完善了浙菜体系。

强调本味的饮食风味

浙菜选料鲜活，突出原料的精华部分；优选特产，突出菜品的地方特色；用料讲究，强调提鲜、增香、去腥、去膻，达到“取其精华，去其糟粕”的调味目的，不压食材的本味。

除了保留食材本身的鲜味，目前浙菜的饮食风味以酸甜口味为主。明清以后，浙菜借鉴各地烹饪与调味方法，多运用料酒、葱、姜、糖、醋等调味，菜品酸甜、酸爽、鲜美。

经典名菜

浙菜中的经典名菜有清汤越鸡、宋嫂鱼羹、东坡肉、咸件儿、蜜汁火方、叫花童鸡、蟹酿橙、荷叶粉蒸肉、雪菜大汤黄鱼、西湖醋鱼、锦绣鱼丝、龙井虾仁等。

◆ 宋嫂鱼羹

宋嫂鱼羹创制于宋朝，清代《两般秋雨庵随笔》记载，宋代名厨宋五嫂创制“宋嫂鱼”。民间亦有类似传说称，西湖边有位宋五嫂，卖鱼羹为生，宋高宗赵构闲游西湖时，品尝鱼羹后盛赞并赏赐金银玉帛，此后宋嫂鱼羹名扬天下。

宋嫂鱼羹

宋嫂鱼羹所用鱼为鳜鱼或鲈鱼，将鱼蒸熟后去骨，再加香菇、竹笋、鸡汤等熬制。这道菜色鲜、味浓，鱼肉鲜嫩，入口丝滑。

◆ 西湖醋鱼

西湖醋鱼是浙菜中的传统名菜，据说由宋嫂鱼羹改良而来，也有传说称西湖醋鱼和宋嫂鱼羹皆为南宋渔民宋嫂所创。

西湖醋鱼所用鱼多选草鱼，将鱼处理干净后，从尾部入刀，将鱼分成两片，鱼身切花刀，先加姜、绍酒、酱油等料煮后装盘，再用锅内鱼汤加糖、醋、淀粉调芡汁浇到鱼上，菜品色泽红亮，肉质鲜嫩，酸甜可口。

◆ 龙井虾仁

龙井虾仁，食材主料取西湖龙井、虾仁，经炒制而成。关于龙井虾仁的由来众说纷纭，其中流传较广的一种说法是，清朝皇帝乾隆下江南，品西湖龙井，赞不绝口，后龙井进贡至宫中，御厨烹制虾仁，创龙井虾仁；也有传说称杭州厨师受苏轼“且将新火试新茶，诗酒趁年华”的词句启发，创制龙井虾仁。

龙井虾仁这道菜色、香、味、形俱佳，色泽明亮，虾仁鲜白，龙井嫩绿，味道清香，茶香融合虾香，龙井细长，虾仁抱团，实在绝妙。

西湖醋鱼

龙井虾仁

粤菜：博采众长，常吃常新

粤菜，即广东菜，广义的粤菜包括广州府菜和潮州菜（潮汕菜）、东江菜（客家菜），具有做法精细、复杂的特点。

海纳百川的饮食文化

我国广东地区临海，雨水丰沛，食材来源广泛，烹饪不同食材并不拘泥于一种形式，善于创新。

两晋时期，为躲避战乱，中原汉人南迁；唐宋时期，又发生了数次大规模的汉人南迁。受中原饮食文化的影响，粤菜承袭了“食不厌精，脍不厌细”的饮食风格，并将饮食烹制过程中的复杂与精细等特点发挥到极致。

北方饮食文化在广东的传播为粤菜的发展奠定了风格和烹饪基础。此后，随着广东贸易的繁荣发展，粤菜不断吸收外来饮食文化并将其与本地食材特点融合，形成了海纳百川、独具地方特色的饮食风味。

近代以来，广东是较早接受西餐文化的地区之一。在这里，中华传统饮食、烹饪技艺与西方饮食、烹饪技艺不断碰撞与交流，使得粤菜博采众长、融汇中西、创新求变，最终形成了独具地方特色的菜系。

随着广东地区的人们下海经商、游走海外，粤菜在国际上也开始享有较高的地位。

精细清淡的饮食风味

粤菜大多选材精，这一点和浙菜相同，具有“不时不吃”的说法。此外，粤菜还具有用量细、配料多、装饰美、重创新、品种繁多的特点，往往给人以鲜、美、嫩、香的风味体验。

整体来说，粤菜的口味比较清淡，重视菜品的质量，色、香、味、形方面可谓精益求精。

经典名菜

粤菜中的经典名菜有烤乳猪、太爷鸡、清汤牛腩、艇仔粥、荷叶包饭、碗仔翅、文昌鸡、白斩鸡、红烧乳鸽、萝卜牛腩煲、广式烧填鸭、豉汁蒸排骨、鱼头豆腐汤、蒜蓉粉丝蒸扇贝等。

◆ 烤乳猪

烤乳猪历史悠久，西周时期被称作“炮豚”，是周代“八珍”[①]之一。《齐民要术》中描述其“色同琥珀，又类真金，入口则消，状若凌雪，含浆膏润”。

烤乳猪因食材和烹饪技法难得，最初用于大型祭祀，如今已经成为广东地区百姓过节的必备佳肴。

乳猪表面浇糖浆烤制而成，色泽红润，形态完整，皮脆肉嫩，油而不肥，甜而不腻，恰到好处。

◆ 白斩鸡

白斩鸡，又名白切鸡，为粤菜中的客家菜。其选用肉质鲜嫩的雏

① 《周礼·天官》记载“八珍之齐”，注引《礼记》中的八种珍贵食物和烹饪方法：淳熬（肉酱油浇饭）、淳母（肉酱油浇黄米饭）、炮豚（烤乳猪）、炮牂（烤羔羊）、捣珍（烧里脊）、渍珍（酒糖牛羊肉）、熬珍（类五香牛肉）和肝膋（烤狗肝）。

烤乳猪

鸡，用白水煮，不加调料。制作好后，随吃随斩。吃的时候根据喜好配制调料，便可快捷方便地享受美食。

在装盘时，白斩鸡块的摆放应形状美观：观之，皮黄肉白；食之，鲜嫩爽口。

蒜蓉粉丝蒸扇贝

广东地区临海，多产扇贝，用蒸的方式可以最大限度保留扇贝的鲜味，再佐以粉丝和蒜蓉，便构成了一道口感丰富、醇香的蒜蓉粉丝蒸扇贝。

扇贝处理干净后，将提前泡好的粉丝窝进扇贝中。起锅烧油，将

白斩鸡

蒜泥炒香后，盛出铺在扇贝及粉丝上，或用红椒、葱丝装饰和调味，摆盘、上锅蒸熟，再烧热油淋在盘中的食材上。如此，一道鲜美的蒜蓉粉丝蒸扇贝便完成了。

蒜蓉粉丝蒸扇贝

第五章

鲜料小食，浓缩百味人生

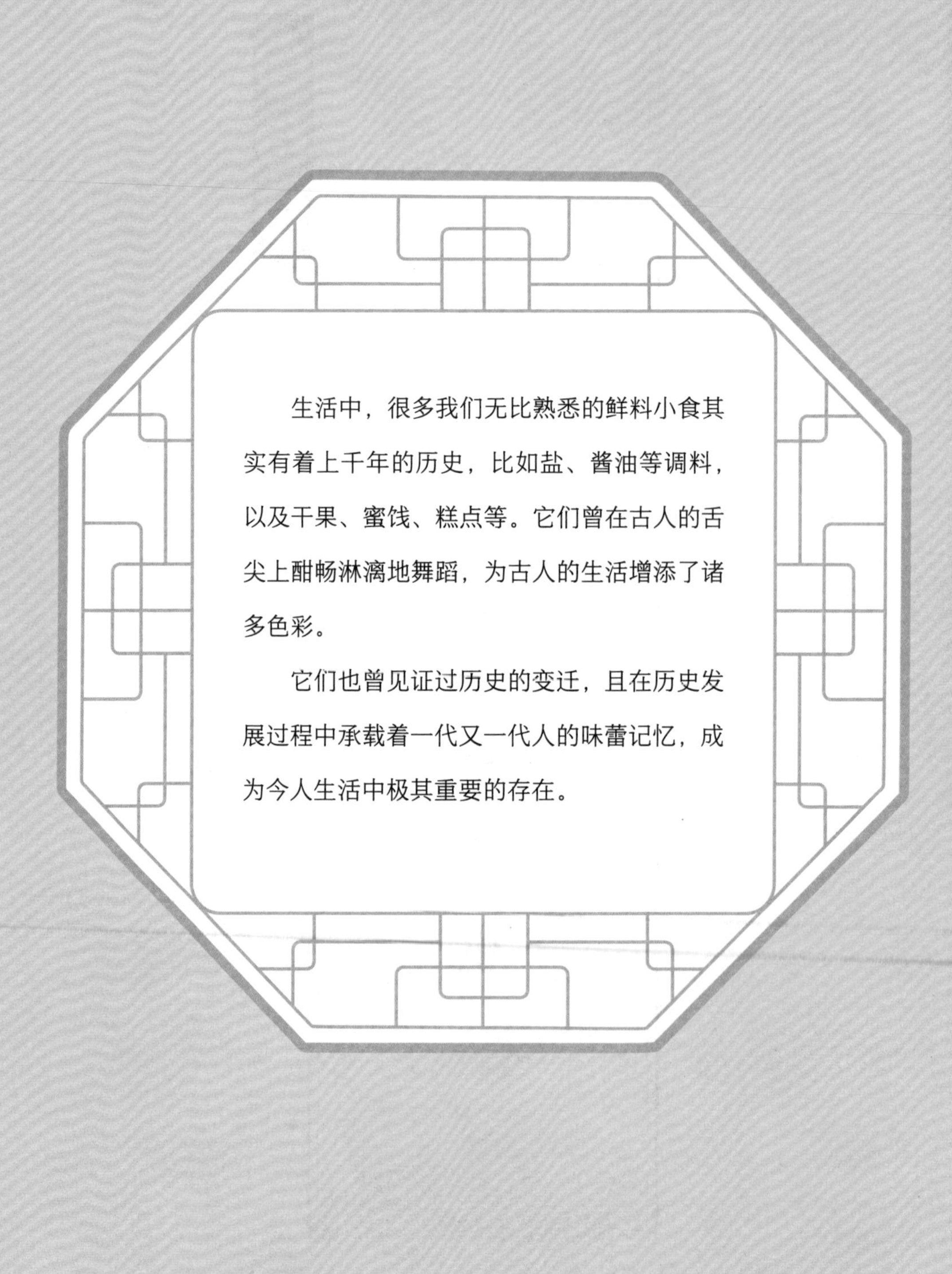

生活中，很多我们无比熟悉的鲜料小食其实有着上千年的历史，比如盐、酱油等调料，以及干果、蜜饯、糕点等。它们曾在古人的舌尖上酣畅淋漓地舞蹈，为古人的生活增添了诸多色彩。

它们也曾见证过历史的变迁，且在历史发展过程中承载着一代又一代人的味蕾记忆，成为今人生活中极其重要的存在。

调料

中华饮食文化博大精深，其核心思想之一就是酸、辛、甘、咸、苦这五味之间的调和，而五味调和的秘诀又在于制作不同菜品时各种调料的精妙使用。调料有着酸味、辣味、甜味、咸味、鲜味之分，其与食材间所产生的化学反应促进了一道道中国美食的诞生。

酸味调料

酸为五味之首，其最具代表性的调料为醋。醋在中国历史悠久,《周礼》中所记载的“醯”便是醋的雏形。北魏农学家贾思勰在其著作《齐民要术》中提到酿醋的方法。明代李时珍所撰写的《本草纲目》中则详细记载了当时的醋的不同种类——米醋、果醋、麦醋等。

醋能增加食物的酸味、鲜味，令人食欲大开，其早已成为人们生活中必不可少的调味品之一。我国的食用醋种类繁多，著名的有山西老陈醋、镇江香醋、永春老醋等，都有着各自的风味。

醋

辣味调料

古代的辛辣味调料有花椒、姜等。古人很早便开始种植与食用花椒，《诗经》中所提到的椴、大椒指的便是花椒。花椒味辛而麻，在古代作为辣调味品很受人们欢迎。如今，川渝地区普遍种植花椒，而在川菜中花椒更发挥着画龙点睛的作用。

生姜是中国传统经济作物之一，在古人的日常饮食生活中扮演着重要的角色。《论语》中就有孔子“不撤姜食”的记载。李时珍在《本草纲目》中对生姜的调味作用大加赞赏：“辛而不荤，去邪辟恶，生啖熟食，醋、酱、糟、盐、蜜煎调和，无不宜之。”到了现代，生姜在中华饮食中依旧发挥着不可替代的作用，尤其是在制作各种肉类菜肴时，运用生姜能很好地去除食材的腥味，唤醒人们的味蕾。

花椒

生姜

甜味调料

古人称甜为“甘”，古代的甜味调料有糖、蜂蜜等。中国制糖历史悠久，东汉许慎所著的《说文解字》中就有“饴，米糵煎也”的记载。由此可见，古人在很早以前就知道把稻、米、麦芽等粮食作物加工成糖。

除此之外，古人制糖的原材料还包括甘蔗，参考《齐民要术》转《异物志》的一段话便能大概知晓古人运用甘蔗制糖的工序：“迮取汁如饴饧，名之曰糖，益复珍也。又煎而曝之，既凝而冰。”

到了唐宋时期，随着制糖工艺迅速发展，蔗糖的产量大幅增加，糖在人们日常饮食中的应用也变得越来越广泛。彼时的糖，除了可加入菜肴中增味提鲜外，还能用来制作各种点心、果脯等。

糖

咸味调料

南朝齐、梁时的医药学家陶弘景曾这样评价咸味：“五味之中，惟此不可缺。”所谓五味调和，一般是用咸味作为底味，再加入其他味道去增色点缀。咸味调料主要有盐、酱油等。

盐有着“百味之主”的美誉，在古代有着重要的食用和药用价值。《尚书》中这样说道：“若作和羹，尔惟盐梅。”意思是说，盐（咸味）、梅（酸味）是制作羹汤必不可少的调味品。古代的制盐业很发达，盐的种类丰富、产地众多，如山东一带所产的海盐，四川所产的井盐等。到了今天，盐依旧是人们一日三餐都离不开的基本调味品之一。

酱油是一种咸味的调味剂，一般是用大豆制成，有着浓郁的香气。古人口中的“豉汁”“豆酱清”“酱汁”指的就是现代的酱油。古代生产和售卖酱油的作坊、商店被叫作酱园（酱园不仅生产和出售酱油，还生产各类酱及酱菜等），历史上最为有名的酱园有北京的六必居酱园、河北保定的大慈阁酱园等。

古往今来，丰富多彩的调料所发挥的神奇功效逐渐增强了国人味蕾的感知力，亦丰富了中华饮食文化的内涵与底蕴。

酱油

盐

干　果

干果，指的是那种到了成熟期后，外皮处于干燥状态，果肉水分少、密度高的果子。常见的干果有榛子、腰果、瓜子、花生等。

口感上佳、营养丰富的干果不只深受现代人的喜爱，也令古代美食爱好者心仪不已。以下介绍几种从古至今都很受人们欢迎的干果。

榛子

中国人食用榛子的历史远比我们想象的长，比如考古学家曾在陕西半坡村新石器时代遗址上发现先民采集和食用榛子的痕迹。《诗经·邶风·简兮》中记载：“山有榛，隰有苓。”榛子味道香美，营养丰富，既可生食、炒食，也可加工成榛子粉、榛子酱食用，或者加入菜肴、点心中食用。

榛子

瓜子

“瓜子”一词最早出现在北宋初年成书的地理总志《太平寰宇记》里，这告诉我们，千年前的古人已经开始食用瓜子了。古人一开始吃的瓜子可能是西瓜子，成书于元代的《王祯农书》中有着这样的描述：“（西瓜）其子曝干取仁，荐茶亦得。”根据明代宫廷杂史《酌中志》的记载，可知明神宗“好用鲜西瓜种微加盐焙用之”。

到了晚清、民国时期，南瓜子、葵花子逐渐流行起来，嗑瓜子也变成了一项习俗。直到如今，瓜子对国人仍旧有着重要的吸引力，在人们心中占据着重要的地位。

西瓜子

南瓜子

葵花子

杏仁

杏树是我国种植时间较早的果树之一，古籍《管子》中记载："五沃之土，其木宜杏。"在古代医家看来，杏仁味苦、辛、微甘，性温，有着生津、润肺的作用，常食杏仁对身体有着莫大的好处。

古籍中记载杏仁可以入粥，这是早期杏仁的吃法。后来又出现了"杏仁茶""杏仁霜"之类以杏仁为主料、香味悠长的饮品。另外，古代利用杏仁制成的美食还有"杏仁豆腐""腊八粥"等，都是风味独特的小吃，深受当时人们喜爱。

杏仁

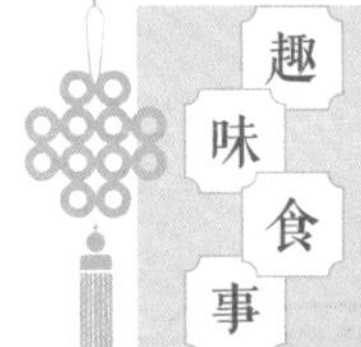

古代名人的“干果情结”

榛子、瓜子、杏仁等干果在古代很受欢迎，历史上很多知名人物曾与其结下不解之缘。比如，苏轼的弟弟苏辙喜欢吃栗子，他曾专门写诗赞颂板栗营养丰富，经常食用对人的身体有着莫大的好处：“老去自添腰脚病，山翁服栗旧传方。客来为说晨兴晚，三咽徐收白玉浆。”

巴旦木传入我国的时间较早，李时珍对巴旦木很感兴趣，他曾在《本草纲目》中详细记载道：“巴旦杏，……今关西诸土亦有。树如杏而叶差小，实亦小而肉薄。其核如梅核，壳薄而仁甘美。点茶食之，味如榛子。”

清代的纪晓岚有着“猴精转世”的怪称，这是因为他平日里最喜欢吃榛子、栗子等食物，几案上也总是摆着这些食物，方便他一边看书，一边随手取食。

蜜饯

蜜饯，指的是用桃、杏等水果及冬瓜、生姜等为原材料，经晾干、腌制等工序制成的食品。

以地域划分，蜜饯可分为京式蜜饯、杭式蜜饯、广式蜜饯等；以性状特点划分，蜜饯可分为糖渍类、返砂类、果脯类等。这种特色食品在我国有着悠久的历史，是很多地区的人们共同的甜蜜回忆。

《礼记·内则》（成书于汉代）中有着“枣栗，饴蜜以甘之”的记载，将枣与栗浸渍在蜜糖中，使其味道变得更甜美，这可能是古代蜜饯制作的前身。

到了唐代，随着制糖工业、养蜂业的发展，蜜饯、果脯的制作工艺有了很大的改良，产量越来越高，品种也越来越丰富。

蜜饯美食文化的鼎盛期是宋朝时期。当时，馥郁可口的蜜饯广受欢迎，从宫廷至民间都有着大批拥趸。南宋时期还出现了别出心裁的雕刻蜜饯，外形精美，口感上佳，是宫廷宴席上的常客。[①]

明清时期，随着蜜饯加工工艺渐趋成熟，各地所生产的蜜饯逐渐形成了各自的加工特色，一些优良产品脱颖而出，广泛受到人们的青睐。

到了现代社会，我国的蜜饯加工业蓬勃发展，这种特殊小食从未退出过历史的舞台，反而乘着新时代的东风焕发出别样的光彩。

各种蜜饯

① 戚桂军，马守海，陈宝芳，等．果脯蜜饯的历史现状与发展趋势 [J]. 粮食与食品工业，1998（1）：33.

酱菜

酱菜是将新鲜的蔬菜进行盐腌、酱制而成的一种食品。酱菜方便保存，风味独特，在我国有着广泛的食用基础。

古籍记录和现代考古，足以证明我国制作酱菜已有几千年的历史。比如，《周礼 · 天官》中有着“大羹不致五味也，铏羹加盐菜矣”的记载；考古学家曾在马王堆汉墓的食品遗存中发现酱萝卜的身影；隋朝成书的《诸病沅候论》中记载“盐苜蓿，茭白”。

古代用来制作酱菜的食材品种繁多，最常见的有姜、萝卜、青菜、韭菜、大蒜等。制作腌菜、酱菜的工艺也多种多样，《齐民要术》中就总结了这样几种方法：咸菹法、汤菹法、藏蕨法、瓜菹法等。[1]

① 洪光住．我国腌菜酱菜的历史简介[J]. 调味副食品科技，1980（2）：32.

在历史发展的过程中，制作酱菜的工艺越来越成熟，由此诞生了一系列经典品牌，比如大慈阁酱菜、六必居酱菜、明德堂莫氏酱菜等，都曾风靡一时，谱写下一段段酱菜传奇。

糕　点

中国传统糕点口味丰富，精工细作，是中华美食的重要组成部分，有着深厚的历史、文化底蕴。

中国的糕点文化源远流长。《诗经·大雅·公刘》中有“乃裹糇粮，于橐于囊”的记载，其中“糇粮”指的是一种干粮，其很可能是古代糕点的前身。《周礼 · 天官》中说道：“羞笾之实，糗饵粉粢。”其中的“糗饵”“粉粢”都是用稻米、黍米为原材料，经过一些并不复杂的工艺制作而成的食物。

在汉代，人们已经能够熟练地运用发面技术去制作各种面点，如馒头、蒸饼等。另外，从西域引进的胡饼在当时也很受欢迎。

唐朝时期，饺子、馄饨、春卷这类食物已经变得很常见，随着面点制作工艺的改良与创新，以及原材料（糖浆、油脂、乳制品、豆制品等）的增加，各种花型精美、形状多变的糕点也相继问世，当时的都城长安甚至出现了糕饼铺和专业做糕饼的师傅。

宋朝时期，“糕”文化变得越发流行。《东京梦华录》里记载宋朝的糕有糖糕、乳糕、丰糕、麦糕、重阳糕等，堪称琳琅满目。文人墨客们聚在一起饮茶、吟诗、食用糕点，将宋朝雅致生活体现得淋漓尽致。

清朝至民国期间，随着糕点制作工艺越发成熟，形形色色的糕点作坊遍布各地，并逐渐形成几大经典流派，沿传至今，比如京式糕点、苏式糕点等。

其中，京式糕点品类繁多，重油轻糖，口味醇厚，深受北京一带老百姓的认可与欢迎。最具代表性的京式糕点莫过于京八件，当地的人们走亲访友时总习惯性地提上一套京八件去馈赠亲友。

京式糕点

苏式糕点历史悠久，其萌芽于春秋，发展于隋唐，形成于两宋，并在历史的演进过程中稳步发展。苏式糕点工艺复杂，种类丰富，其常用的原材料除米、麦外，还有各种时令鲜花（以玫瑰花、桂花最为常见）、橙皮、豆沙等。另外，苏式糕点的外形通常精巧秀美，与江南的婉约气质相得益彰，往往令人眼前一亮，倾心不已。

口感上，大部分苏式糕点都有着松软香甜的特点，引得人们啧啧称赞："苏城风光好，糕点美名传。"

苏式糕点蛋黄酥

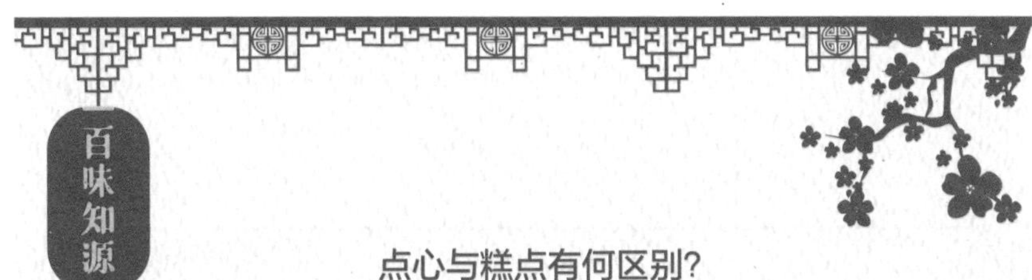

点心与糕点有何区别?

历史上，“点心”一词很早便已经出现，宋代的吴曾在其著作《能改斋漫录》中说道：“世俗例以早晨小食为点心，自唐时已有此语。”意思是说，“点心”这样的说法在唐朝时已经出现，它指的是人们早餐时吃的一些小食品。

由此可知，点心一开始指的是馒头、包子等“早晨小食”，后来其语义范围渐渐扩大，正餐之外的吃食都可以叫作点心。而糕点指的是以谷类、豆类、糖、油等为原材料，添加或不添加各种馅料（豆沙、果酱等）、调味料，经过烘烤、煎炸等工艺制成的食品。可见，糕点、点心含义并不完全相同。

但在如今的日常生活中，这两个词语经常被混用，指代糕饼之类的食品。

汤 羹

在博大精深、精彩纷呈的中华饮食文化中，汤羹无疑有着独特而重要的地位，古代很多食客都曾表达过对汤羹的喜爱。传统汤羹文化所带来的影响力绵延至今，深深融入人们的日常饮食行为中。

在远古时代，先民们在陶鬲、陶釜等器具里加水烹煮食物，这就是古代汤羹的雏形。到了商周时期，随着烹调技术的进步，汤羹这种滋味美妙的液态食品已经成为当时人们餐桌上的常客，在人们的日常饮食中扮演着重要的角色。《礼记·内则》中就有这样的记载："羹食，自诸侯以下至于庶人无等。"

到了汉代，汤羹品类已经变得丰富。马王堆汉墓里曾出土几百枚菜单竹简，上面记载了数种汤羹，比如用米和肉制成的白羹、用荼和肉制成的苦羹等，令现代人大开眼界。

魏晋时期开始出现鱼羹、甜羹等，入羹的原材料越来越丰富，烹煮汤羹的技巧也变得越发成熟。到了唐宋时期，汤羹的烹调技术越发成熟，在当时的名流权贵的餐桌上出现了不少奢侈的高档汤羹，令人眼花缭乱，啧啧称奇。明清之后，汤羹虽然渐渐失去了主菜地位，但仍旧是大小宴席上不可缺少的菜品。

到了今天，纵使人们的饮食生活已变得丰富多彩，但很多人依旧迷恋着汤羹的美妙滋味。尤其是在天气寒冷的日子里，一碗浓郁鲜美、热气腾腾的汤羹足以安抚人的心灵，令人卸下一身的疲倦，在那鲜美滋味里默默享受独属于自己的静谧时光。

滋味鲜美的汤羹

第六章

人间烟火，最抚凡人心

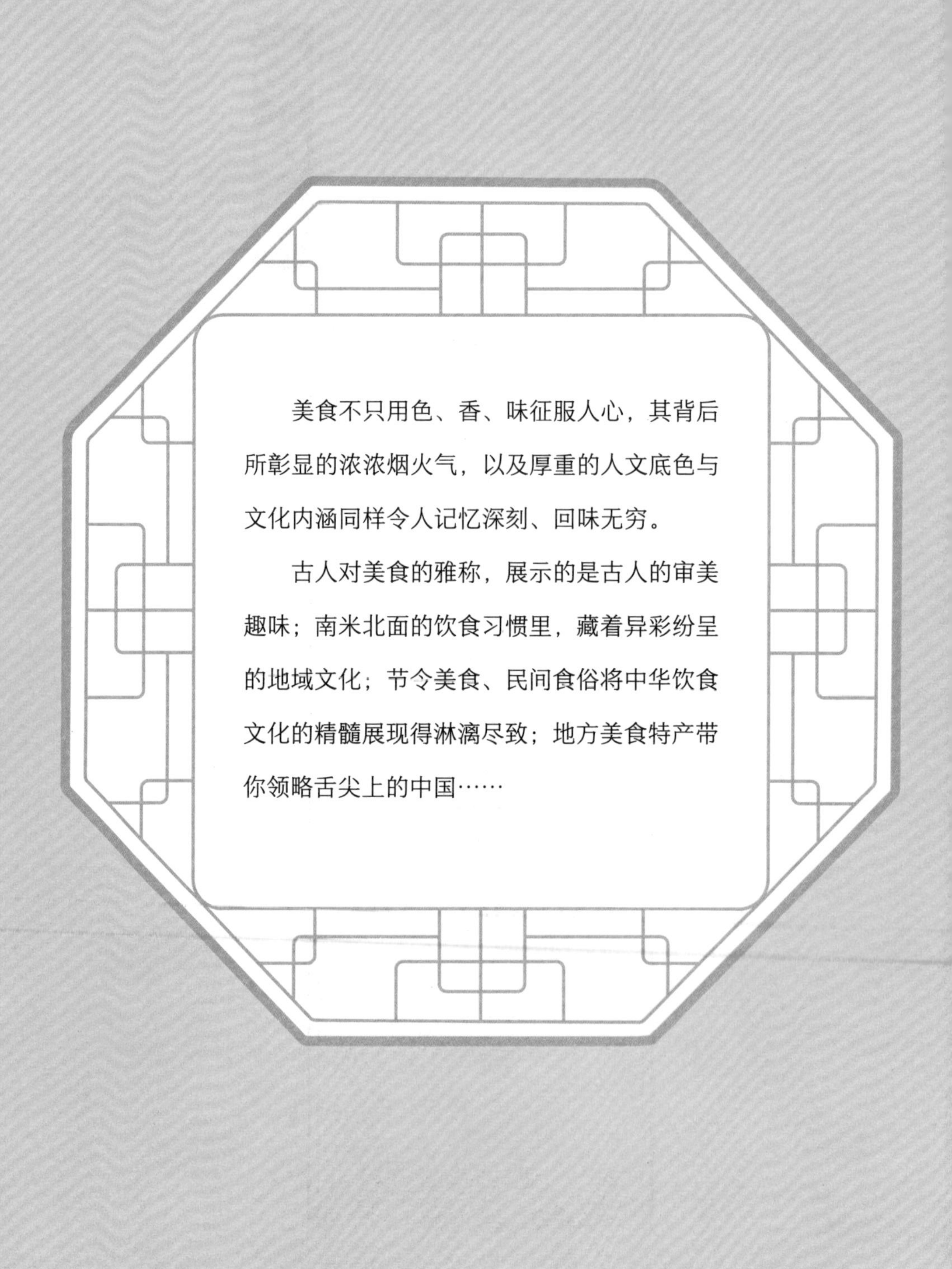

美食不只用色、香、味征服人心，其背后所彰显的浓浓烟火气，以及厚重的人文底色与文化内涵同样令人记忆深刻、回味无穷。

古人对美食的雅称，展示的是古人的审美趣味；南米北面的饮食习惯里，藏着异彩纷呈的地域文化；节令美食、民间食俗将中华饮食文化的精髓展现得淋漓尽致；地方美食特产带你领略舌尖上的中国……

古人对美食的雅称

对于美食，古人给予其很多雅致的别称，比如我们耳熟能详的山珍海错、玉盘珍馐等。

山珍海错，即山珍海味，指的是珍贵、稀少的食物，最早出自唐代诗人韦应物的《长安道》诗句："山珍海错弃藩篱，烹犊炰羔如折葵。"

玉盘珍馐，指的是装在盘中的美食，诗仙李白有诗云："金樽清酒斗十千，玉盘珍羞直万钱。"

另外，古人对食物的雅称还包括三牲五鼎、八珍玉食、珠翠之珍、雕盘绮食等。这些称呼古韵满满，文雅至极，一般用作书面语，日常生活中较少用到。

三牲五鼎，鼎在古代有着祭祀神灵的用途，牲也是祭祀用品，三牲五鼎原本指的是丰富贵重的祭品，后用来形容食物无比丰盛、鲜美。

八珍玉食，出自金代董解元《西厢记诸宫调》卷三："八珍玉食邀郎餐，千言万语对生意。”指的是珍奇、名贵的食物。

珠翠之珍，“珍”形容食物的精致程度，指的是海里和陆地上的珍贵食物，与“山珍海味”意思相近。

雕盘绮食，指的是精美的餐具和丰盛的食物，出自李白《扶风豪士歌》：“雕盘绮食会众客，吴歌赵舞香风吹。”

对生活中那些常见的食物，古人也有着特殊的称呼，讲究独到，十分贴切。比如，馒头被唤作“玉柱”，面条被称为“水引”，梨子有着“甘棠”的雅称，西瓜又被称为“青门绿玉房”（出自明代瞿佑《红瓤瓜》诗句“采得青门绿玉房，巧将猩血沁中央”），螃蟹被古人称为“菊下郎君”。

古人对美食的雅称数不胜数，那一个个独特称呼背后蕴藏着深厚的文化内涵，有的充满诗意、韵味十足，有的生动形象、趣味横生，将古人的高雅情趣展现得淋漓尽致。

馒头，雅称“玉柱”

南米北面，四季有别

提起中国人的饮食差异，很多人都会用“南米北面”来做例证。所谓“南米北面”，指的是以秦岭－淮河为线，南边的人以米为主食；而北边的人则习惯吃各种面食，以面为主食。

“南米北面”饮食格局的形成，与中国南北两地不同的地理环境，以及农业布局、生产方式息息相关。

我国南方种植水稻历史悠久，水稻产量比较稳定。南方有的地区（重庆、长沙、南昌、杭州等）处于亚热带季风气候区，有的地区（广东雷州半岛、海南岛等）处于热带季风气候区，大多潮湿多雨，全年平均日照时间长且拥有丰富的水资源，十分适合种植水稻。

南方水稻一般是一年两季，春季插秧，到了夏季便可收割；夏季插秧，秋季便可收割。在大面积种植水稻的南方，人们的主食以米饭为主，再配以丰富的菜式，构成了人们日常的饮食生活。

当然，南方人除了喜欢吃白米饭，还喜欢吃粥、炒饭、咸泡饭等。这些食物也都扮演着主食的角色，可以说是白米饭在餐桌上的种种“变形”。除了主食，用大米、糯米或米粉制成的特色小吃也有很多，一年四季可以变着花样吃。比如粽子、年糕、糍粑、松糕、麻球等，每一种都有着独特的风味，那美妙的滋味萦绕于唇齿间，令美食爱好者们铭记于心。

年糕

红糖糍粑

北方地区平原较多，地势平坦，旱田多，比较适合种植小麦。同时，北方以温带大陆性气候和温带季风气候为主，四季分明，温度较低，降雨量较南方偏少，这些条件都有利于小麦生长。一年只能种一次的小麦（分春小麦和冬小麦）便成为北方种植范围广、产量高的农作物之一，北方地区也慢慢形成了极具特色的面食文化。

面粉的可塑性强，“变种”也很多，常见的有面条、包子、馒头、花卷、饺子、馄饨、面饼，等等。其中，值得一提的是各类面条，因为原材料、烹饪手法等不同，北方各地的代表性面条也不同，比如北京的炸酱面、河南的烩面、山东的炝锅面、山西的刀削面、陕西的油泼面、吉林的冷面等。它们风味各异，带给人们不一样的美食体验。

北京炸酱面

南北方不同的农业生产结构造就了中国人“南米北面”的独特饮食格局，而在历史发展的过程中，食物却是促进南北文化交流的重要纽带。“南米北面”背后所彰显出的饮食多样性及厚重的历史文化底蕴令人着迷，也令无数的美食爱好者身体力行，毅然决然地踏上一段段邂逅美食的旅途。

陕西油泼面

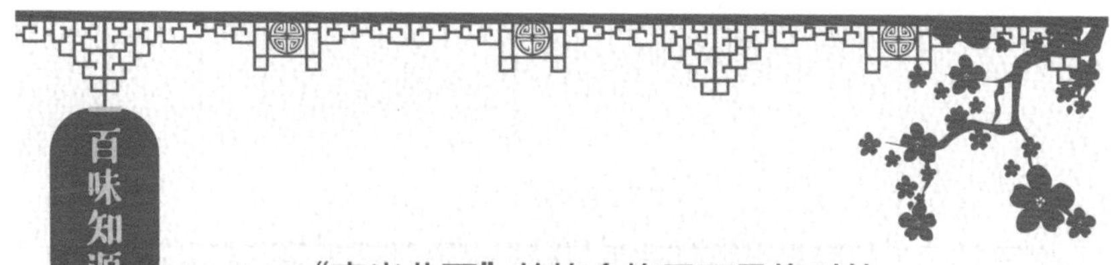

“南米北面”的饮食格局不是绝对的

“南米北面”表明了南北的饮食差异，却不是绝对的。

北方并非只种小麦，只吃面食。属于温带季风气候的东北三省就大面积地种植水稻，而且东北水稻品质优良、口感上佳。北方人也会吃米饭，米饭在很多北方人家的日常饮食中也占据着重要的地位。

南方人也不一定只以米为主食，对面食的喜爱也非常普遍。南方很多地方的面食文化也很发达，比如上海就有着“南方面食之都”的美誉，这里的面食种类丰富，尤其是阳春面十分有名；四川的特色面食繁多，有担担面、宜宾燃面、豆汤面等，都很受欢迎。

现在，随着交通越发便利，南北人口流动增多，南北饮食文化之间的差异变得越来越少，“南米北面”的饮食格局也慢慢被打破。

节令美食

节令美食包含传统节气美食和节日美食。我国是世界公认的美食大国，在不同的节气、节日有着不同的饮食习俗。在一个个特殊的日子里，一道道美食令人记忆犹新、回味无穷。

传统节气美食

二十四节气对于中国人的重要性不言而喻，在人们的饮食方面也产生了深远的影响。节气食俗源远流长，传统美食数不胜数。

◆ 立春传统美食

立春是二十四节气之首，意味着春季的开始。立春时人们会吃春饼、春卷等，俗称“咬春”。

春饼最早是用麦面制成的薄饼。吃春饼时，一般佐以用各种蔬菜炒成的“合菜”一起食用。春卷呈长条形，一般做法是将蔬菜、肉类等包在面皮里，再放在油锅里炸制。

春饼、春卷都有着悠久的历史，在晋朝时便有吃春盘（即后来的春饼）的习俗。到了唐朝时期，这一食俗越发流行。唐代《四时宝镜》中的记载便予以佐证：“立春日，荐春饼、生菜，号春盘。”春卷则在明朝时流传广泛，极受欢迎。明《燕都游览志》中便有着这样的记载：“凡立春日，于午门赐百官春饼。”

春饼

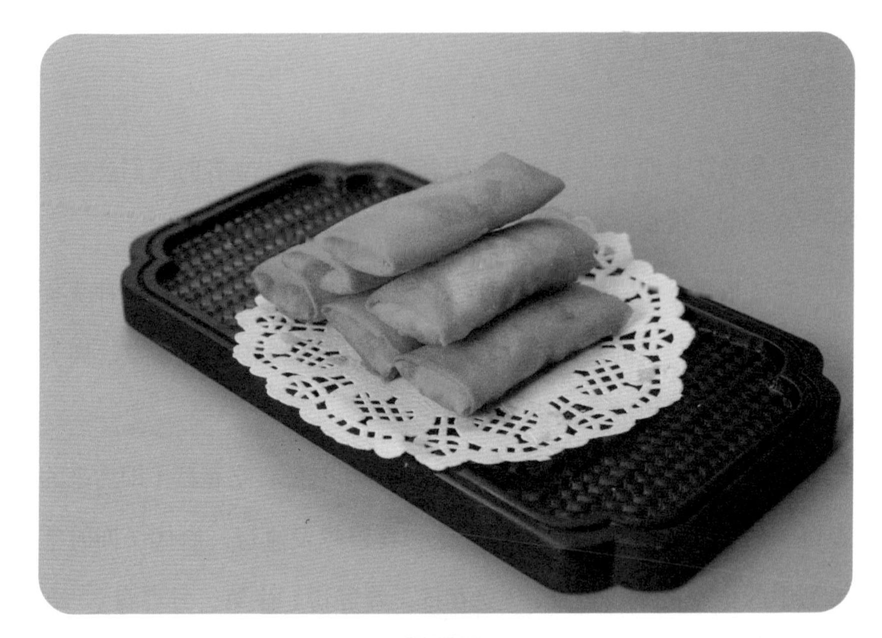

春卷

夏至传统美食

夏至是夏季的第四个节气，是二十四节气中最早被确定的节气。夏至时的饮食文化亦是丰富多彩，趣味十足。所谓“冬至饺子夏至面”，到了夏至这天，有的地方讲究吃面条，比如北京人会在夏至时吃炸酱面、麻酱凉面，山东各地则普遍吃凉面条（即过水面）等。

有的地方在夏至这一天会吃粽子，比如陕西、苏州等地。在湖南衡阳、永州等地，则流传着在夏至当天吃“夏至蛋”的习俗，即将剥壳的熟鸡蛋加水和红枣一起炖煮，炖成后喝汤吃蛋，既营养又鲜美。

◆ 冬至传统美食

冬至又名冬节、亚岁等，是二十四节气中第二十二个节气。所谓“冬至大如年”，这一天备受古人的重视。冬至的美食也有很多，在北方大部分地区，人们会在冬至当天吃饺子，民间至今还流传着“冬至不端饺子碗，冻掉耳朵没人管”的趣味谚语。而在江南一带，则流行着冬至食汤圆（大多由糯米粉制成）的习俗，喻示甜甜美美、团团圆圆。

汤圆

传统节日美食

中国传统节日形式多样、内涵深厚，是中华民族传统文化中必不可少的一部分。不同的节日有着不同的饮食习俗，其“食文化”堪称博大精深。

◆ 春节传统美食

春节在国人心里有着不可撼动的地位，它历史悠久，据说尧舜时代的“腊祭”就是春节的雏形。春节时的传统美食非常多，比如年糕、饺子等。

年糕，民间称其为“年年糕”，是用黍或糯米制成的黏性食品，口感绵糯、细腻、香甜，令人回味无穷。很早之前古人就食用年糕，汉朝时期就有用大米制成的糕点，类似于今日的年糕，被当时的人们称为“饵”或“糍”。到了明清时期，年糕已经成为一种家喻户晓的小吃，春节吃年糕也成为春节饮食习俗之一，流传至今。

饺子，传说是东汉末年的神医张仲景发明的。在历史发展过程中，饺子曾有多种称呼，如“娇耳”“煮角”“扁食”等。早在明代时，饺子已经变成春节美食之一。明人刘若愚在其著作《酌中志》中的相关记录便佐证了这一点：“正月初一五更起……饮椒柏酒，吃水点心，即‘扁食’也。”到了今天，虽然人们的生活变得越来越丰富多彩，各式各样的美食层出不穷，但饺子依然是春节期间北方餐桌上的主角之一，在人们心中的地位不可撼动。

◆ 清明传统美食

清明是二十四节气中的第五个节气，也是中国的传统节日之一。清明时节，南北各地的食俗呈现出明显的差异。比如，南方很多地区有在清明吃青团、润饼菜的习俗，北方有些地区会在清明吃子推馍、

春节传统美食水饺

清明螺等传统美食。还有一些食俗南北方兼有，比如清明吃馓子。

青团，江南地区的传统小吃，色泽碧绿，清香扑鼻。青团的原材料有艾草汁、糯米粉、莲子等，外形小巧，口感软糯、有弹性。

润饼菜，春卷的一种，是在泉州、厦门、晋江等地盛行的清明美食。泉州、厦门、晋江三地的润饼菜制作方法并不相同。其中，厦门润饼菜的制作工序最为复杂，所需准备的原材料也最多，口感丰富。

子推馍，又称老馍馍，是很多山西人在清明都会吃的一道美食。子推馍大而重，馍身贴有精致的面花，馍里包有核桃、红枣等，既可自家吃，也可用来招待客人或送给亲友。

清明螺，其做法是将洗净的田螺加葱、姜、蒜等爆炒或蒸煮，螺肉肥美，香气扑鼻，风味十足，民间有“清明螺，抵只鹅”的说法。

馓子，油炸食品，明代李时珍在《本草纲目》中详细记载了馓子的制作方法：“寒具（馓子的古称）即食馓也，以糯粉和面，入少盐，牵索纽捻成环钏形……入口即碎脆如凌雪。”如今，馓子流行于南北各地，品种繁多，风味各异，深受人们的喜爱。

青团

油炸馓子

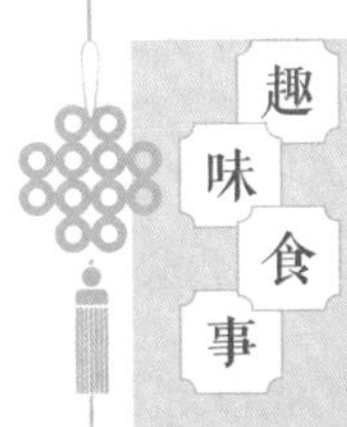

蝴蝶馓子与苏轼的故事

千古奇才苏轼既是名扬古今的大文豪，也是历史上鼎鼎有名的美食家。他一生中曾与数道美食结下不解之缘，其中江苏徐州的蝴蝶馓子这道地方小吃曾令他记忆深刻，赞不绝口。

相传苏轼被贬徐州时，听说徐州有一道名为蝴蝶馓子的美食很受欢迎，便在城内寻访起这道美食。等真的见到、尝到蝴蝶馓子时，苏轼大喜过望，感叹蝴蝶馓子香脆可口，果真是名不虚传。后来，任职徐州期间，他经常食用这道蝴蝶馓子，每每赞不绝口。

据说苏轼“纤手搓来玉数寻，碧油煎出嫩黄深”的诗句描述的就是徐州的蝴蝶馓子。

◆ 端午传统美食

端午节为每年的农历五月初五，是中国人重视的传统节日之一。端午节的传统美食有粽子、“五黄”等。

粽子，形状多样，有甜粽和咸粽之分。端午节吃粽子的习俗自古有之。西晋时的周处在《风土记》中写道："仲夏端午，烹鹜角黍。"角黍用菰叶、黍米等制成，外形、味道都与今天的粽子十分相似。到了元明时期，食粽已经变成一种风尚。此时流行的粽子是用箬叶或芦苇叶包裹糯米制成的，品种丰富，香糯可口，光馅料就有豆沙、红枣、核桃、猪肉等若干种，是极受欢迎的节庆美食之一。

清朝时期，无论宫廷还是民间都格外重视端午节。到了端午节那一天，空气中飘满了粽香，十分诱人。当时宫廷中还流行玩"射粽"的游戏，即众人比赛看谁先射中盛在盘中的粽子，射中者不仅能够先品尝粽子，还能得到丰厚的奖品。清朝皇帝乾隆就留下了"亲教宫娥群角黍，金盘射得许先尝"的诗句。

粽子

“五黄”，指的是黄鱼、黄鳝、黄瓜、咸蛋黄和雄黄酒。端午节食“五黄”的习俗流行于江南一带，比如杭州人就将农历五月称为五黄月，在端午节的中午吃五黄餐。黄瓜清爽而生津解渴，黄鱼、黄鳝香嫩鲜美、营养丰富，佐以咸蛋黄和雄黄酒，食之余味无穷。

◆ 中秋传统美食

中秋节是阖家团圆的节日，在这一天，人们会在家人团聚的欢乐氛围中品尝各式各样的月饼、桂花糕等传统美食。

月饼，原本是古人用来祭拜月神的贡品，后成为中秋美食之一。月饼真实起源年代已不可考。南宋吴自牧所著《梦粱录》中曾出现“月饼”一词，但此书所记载的月饼是一种饼形小吃，在外观、口味、制作工艺等方面都与后世的月饼有着很多不同。北宋时期，每逢中秋节皇宫中流行吃宫饼，这种饼被认为可能是现代月饼的雏形。后来宫饼流入民间，被称为“小饼”。苏轼曾赞道：“小饼如嚼月，中有酥与饴。”

直到明清时期，中秋节吃月饼、赏月才逐渐成为当时人们的普遍习惯之一，月饼的样式也变得越发精巧、美观，深受人们喜爱。

桂花糕，用糯米粉、桂花、蜂蜜等制成，松软香甜，十分可口。中国人食用桂花糕的历史悠久，桂花糕也是中秋佳节的传统食品之一。

月饼

桂花糕

民间食俗

我国的民间食俗丰富多样，内涵深厚。它包括日常食俗、礼仪食俗等，是中华民族数千年历史文化的传承载体及衍生物，在中华饮食文明史中占据着重要的地位。

日常食俗

我国是一个多民族的国家，疆域辽阔、物产丰富。在地理环境和历史文化等因素的影响下，我国不同民族形成了不同的日常饮食习惯。

比如，汉族以米、面、薯类、玉米等粮食作物为主食，以四季蔬菜、鸡鸭鱼等肉食、豆制品、水果等为副食。汉族人口众多，南北食俗大相径庭，烹饪方式多种多样，各地风味截然不同。鲁菜、徽菜、川菜、湘菜等八大菜系构成了汉族人民丰富多彩的日常饮食生活。

另外，汉族人民自古喜欢饮酒、饮茶，酒与茶在汉人的日常饮食中占据着很重要的地位。以酒为例，人们举办宴席、共聚一堂，在享用美味佳肴的同时，总会饮酒助兴。

蒙古族人民的饮食丰富多彩，在其日常饮食中，以“白食”（各种奶制品或以奶为原料加工制成的食物）和“红食”（各种肉制品或以肉为原料加工制成的食物）等较为常见。蒙古族人民在招待客人时，一般先向客人递上一杯香喷喷、热腾腾的奶茶，同时端上奶酪、点心供客人品尝，最后才会以“红食”招待客人。除了“白食”和“红食”，面食也是蒙古族日常饮食中常见的食物之一，比如蒙古包子、蒙古馅饼等都是蒙古族的特色面食。

蒙古族人民还爱饮茶和饮酒。他们常常饮用红茶和用红茶、鲜奶制成的奶茶，这种奶茶滋味浓郁，营养丰富，咸香可口。另外，蒙古族的特产马奶酒是用新鲜的马奶经过一系列加工工艺制成的，口味醇和，深受蒙古族人民喜爱。

壮族人民一般以大米为主食，擅长用糯米为原材料制作各种特色食品，最典型的莫过于五色糯米饭。五色糯米饭是采用各种颜色的、可食用的植物汁液浸染糯米蒸制成的，色彩鲜艳，口感黏糯。

除主食外，壮族的副食资源广泛，既包括各种肉类、蛋类，也包括各种果蔬等。烹饪方式多种多样，如焖、炖、煎、炒等。壮族特色菜肴有壮家酥鸡、龙泵三夹等。

蒙古族特色点心和奶茶

壮族特色美食五色糯米饭

苗族人民擅长种植水稻，以大米为主食，普遍嗜辣、喜酸。苗族人民食酸历史悠久，当地流行着这样一句俗语："三天不吃酸，走路打转转。"苗族几乎家家户户都备有独特的酸坛，用来制作酸汤、腌酸鱼等食品。另外，苗族人十分喜欢饮酒，日常饮用的酒类有用高粱、糯米等制成的白酒及用刺梨干、糯米等制成的刺梨酒。

礼仪食俗

中国不仅是饮食大国，还是礼仪大国，在礼仪食俗上格外讲究。尤其是婚礼和丧礼的相关食俗，内容丰富，源远流长。

◆ 婚礼食俗

《礼记·昏义》中说："昏礼者，将合二姓之好，上以事宗庙，而下以继后世也，故君子重之。"由此可见，古人对婚礼是十分重视的。古人口中的婚礼从说媒、相亲开始，至同庆、回门结束，是一个漫长的过程，而食物在其中扮演了十分重要的角色。

总体而言，婚礼食俗不仅包括婚宴食俗，还包括订婚食俗、回门食俗等。

按照民间习俗，男女正式结婚前须先订婚，即男方由媒人带领，前往女方家中下聘礼，讲究的人家还会举办热闹的订婚宴。古人常以鸡鸭鹅等家禽作为聘礼，而这一习俗也传承至今，在某些地区仍然比较流行。另外，古人的订婚礼品中，茶也是必不可少的。宋代的胡纳在《见闻录》中这样写道："通常订婚，以茶为礼。故称乾宅致送坤宅之聘金曰'茶金'，亦称'茶礼'，又曰'代茶'。女家受聘曰'受茶'。"由此可见茶礼在古代受重视的程度。

婚宴食俗则更为讲究。在古代，一对新人举行完拜堂仪式后便进入婚宴环节。婚宴上菜肴丰盛，且有着"双喜、四全、婚扣八"的讲究（即菜品不能为单，最好成双成对，逢四扣八）。另外，婚宴上的菜肴通常以吉祥语命名，比如"花好月圆""比翼双飞""龙凤呈祥"等，表达对新人的祝福。

新婚夫妇成婚后，女方带丈夫第一次回娘家探亲，被称为回门。这一天也有着很多特殊的食俗，比如新妇需要准备回门礼（一般包括茶、酒、肉、糕点等）送给父母，以表达自己对父母养育之恩的感激之情。新娘的父母则会设下回门宴，热情款待女儿与女婿。

◆ 诞生礼食俗

诞生礼指的是婴儿出生后举行的庆祝礼仪，是人生礼仪的重要组成部分。汉民族传统的诞生礼大致包括三朝礼、满月礼等，由此也形成了一系列饮食习俗。比如，有的地区在婴儿出生三日后举办三朝礼，这一天新生儿父亲要带着准备好的油饭、喜蛋等食物前往外婆家报喜，外婆家也要回赠各种食物、礼品。

有的地区会在新生儿满月的时候举办热闹的满月宴，宴席上往往菜肴丰富，色香味俱全，其中最必不可少的是一道“喜面”，以此表达对新生儿幸福永久、一生安康的祝福。

◆ 寿礼食俗

寿礼指的是为老人庆寿的礼仪活动。古往今来，庆寿、祝寿都离不开食物，因此产生了不少特色寿礼食俗。

比如，民间在为老人庆寿时大多会举办寿席，通常佳肴满桌、美味多样。寿席上常常会出现寿糕、寿桃、长寿面的身影，表达亲友们对老人健康长寿、安享晚年的祝福。而寿席中喝的酒也被称为寿酒，一般开席时先敬做寿的老人，然后宾客间互敬、同饮。

寿宴上的寿桃面点

地方美食特产

我国地域广袤，物产丰富，各地都有其美食特产。地方美食特产是中国美食的重要组成部分，将民众的聪明才智和饮食爱好体现得淋漓尽致。

在北京，北京烤鸭、卤煮火烧、驴打滚等美食是老北京人钟爱的食物。其中，北京烤鸭享誉世界，其有着挂炉烤鸭和焖炉烤鸭之分，各有特色。

卤煮火烧简称卤煮，也是北京的传统名吃，其是用猪肠、猪肺、豆腐等为原材料，用大锅卤制，再用硬面烙制成火烧，并放入卤好的下水中一起炖煮，最后加入韭菜花、腐乳、蒜泥等配料及老汤制作完成，滋味独特，香气扑鼻。驴打滚则是用黄米面、豆沙、黄豆粉制成的，香甜软糯，别具风味。

在天津，煎饼果子、锅巴菜等特色小吃十分受欢迎。煎饼果子又称煎饼馃子，其原材料有绿豆面、鸡蛋、馃子（一种油炸面食）等，

北京烤鸭

卤煮火烧

驴打滚

煎饼果子

锅巴菜

很多人选择将煎饼果子作为早餐食用，营养而味美，经济实惠。锅巴菜又称嘎巴菜，其做法是在切好的煎饼上浇上特制的卤汁和辣椒油，并蘸芝麻酱等酱料，搅拌后食用，咸香可口。

河南的美食特产有河南烩面、胡辣汤等。河南烩面是用优质面条和繁多的配菜辅以高汤制成，味道浓郁，营养丰富，深受人们喜爱。胡辣汤的制作原材料很多，如细粉条、面筋、花生、黄花菜、木耳等，汤汁浓稠，麻辣鲜香，趁热食用极是过瘾。在寒冷的冬日早晨，若能喝上一碗热乎乎的胡辣汤，既温暖身体，又治愈心灵。

河南烩面

胡辣汤

四川省物产丰富，美食繁多，除了麻婆豆腐、回锅肉等经典菜肴，当地的特色小吃也令人印象深刻、赞不绝口，比如钵钵鸡、担担面、宜宾燃面等。

钵钵鸡是一道历史悠久的名小吃，“钵钵”其实指的是一种陶制的罐子，里面盛放着各种麻辣调料和去骨鸡片。拌好后的钵钵鸡麻辣鲜香，令人馋涎欲滴。

担担面的面条细长，酱香浓郁，十分有特色，是“中国十大名面条”之一。

宜宾燃面在旧时称为油条面，主要食材及配料包括当地上好的水面条、碎米芽菜、花生、荆条辣椒、小磨麻油等。制作完成的燃面色

宜宾燃面

钵钵鸡

担担面

泽鲜亮，油重无水，香气扑鼻，闻之令人食指大动。

广东人吃得精细，当地的特色小吃种类繁多，典型的有白切鸡、肠粉、叉烧包、姜撞奶等。

白切鸡是传统名菜之一，烹饪方式看似简单，细节处却很讲究。在白切鸡的制作过程中，先选用上好的走地鸡，用白水将鸡煮熟，捞出放入凉水中浸泡，再切成块，蘸料食用，滋味无穷。

肠粉是用米浆、菜脯粒、酱汁等制成的小吃。广东肠粉有布拉肠粉和抽屉式肠粉之分，在制作方式和口感上都有着些微区别，但都爽滑软润，令人回味无穷。

叉烧包的外形类似开花馒头，十分美观，是一道很受欢迎的粤式点心。蒸好的叉烧包面皮松软，面皮内部填充滋味浓郁的叉烧肉馅，尝起来咸鲜可口、油而不腻。

肠粉

叉烧包

姜撞奶是用姜汁和牛奶制成的一道特色甜品，口感爽滑，奶香浓郁，还带有姜汁独特的辛香气味。

中国的地方美食特产数不胜数，它们有的外形朴素，有的创意十足，每一道都足以唤醒人们的味蕾，令人们在品尝的过程中深深体味到美食背后那浓重的烟火气与人情味。

第七章

缱绻『食』光，绵延流长

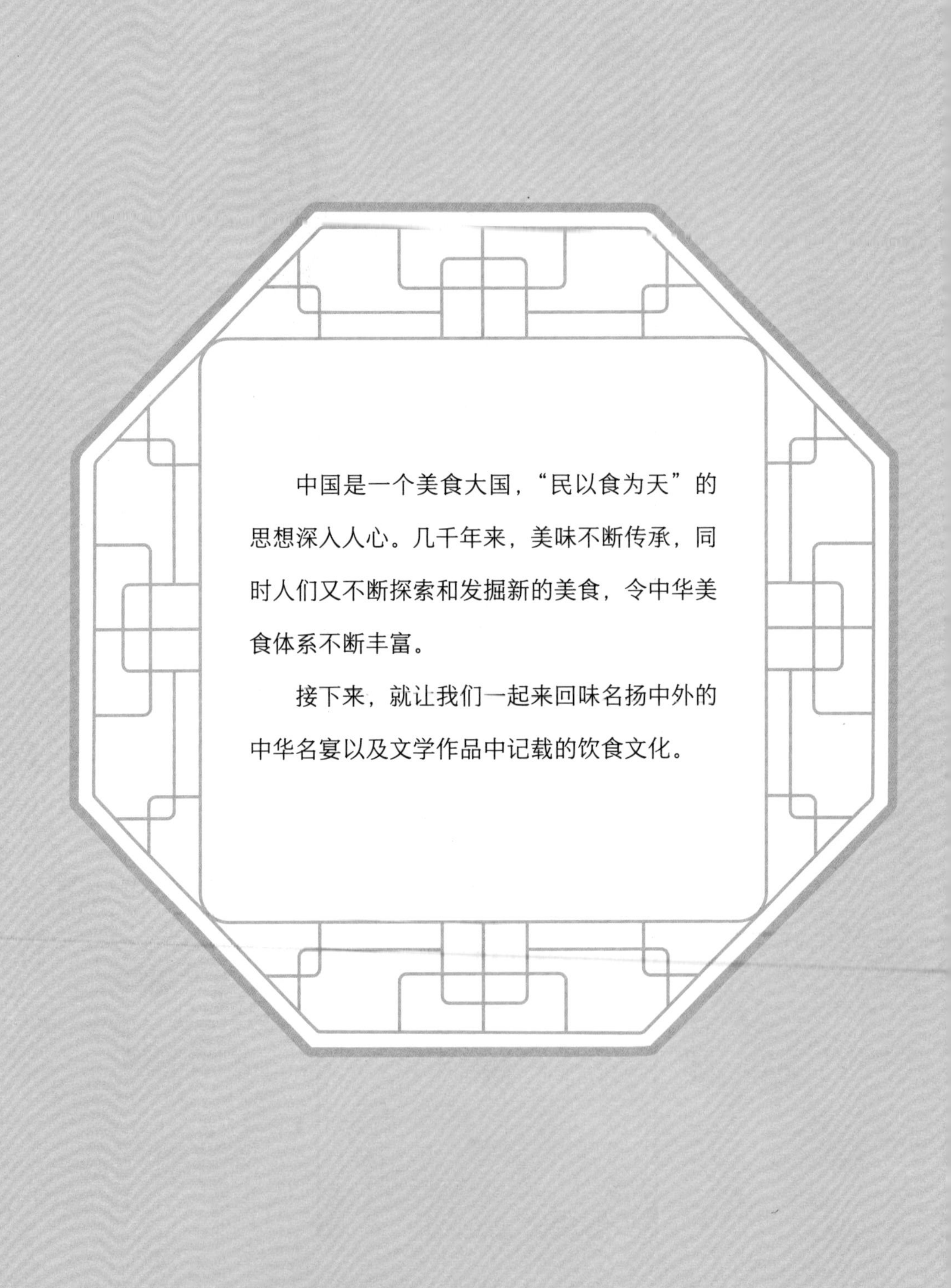

中国是一个美食大国，“民以食为天”的思想深入人心。几千年来，美味不断传承，同时人们又不断探索和发掘新的美食，令中华美食体系不断丰富。

接下来，就让我们一起来回味名扬中外的中华名宴以及文学作品中记载的饮食文化。

中华名宴

宴席是沟通的重要场合，在一些重要活动或节日，人们常会设宴席来招待亲朋好友。在数千年的历史岁月中，不同地区的宴饮文化不断传承与发展，从而形成了种类多样的中华名宴，成为中华饮食文化的重要组成部分。

满汉全席

满汉全席是融合了满族和汉族饮食文化的盛大宴席。清朝时期，满族入主中原，满族与汉族的文化开始融合，满汉全席就是满族、汉族饮食文化相互融合的产物。

在入主中原之前，满族的宴席十分简单。入主中原之后，皇家开始学习汉族文化，为了促进饮食的融合，在朝廷中专门设置相关官职来负责宴席事宜。

宫廷的宴席经过发展，逐渐形成满席、汉席、奠筵、诵经供品四大类，每一类又分为多种等级，十分复杂。后来，江南的官场菜将满席和汉席的经典菜肴合为一席，形成了满汉全席，并在全国流行。

满汉全席的菜品至少包含 108 种，烧烤、炸、炒、焖、蒸等各种烹饪方式齐上阵，海参、鱼翅、野兔等各类山珍海味无所不包。

满汉全席不仅菜品精美，而且搭配的饮食器具也十分精致，同时极重礼仪，整个宴席场面宏大而庄重。

浙江杭州杭帮菜博物馆展示的满汉全席

孔府宴

孔子，是中国儒家学派创始人，孔子创立的儒学对中国文化影响深远。孔府，是孔子及其后人的居住地。由于孔子的地位特殊，孔府既是孔家后人的家宅，同时也具备官府职能。在这里，孔府的主人们举办过各种宴席，既宴请过亲朋好友，也宴请过朝廷大臣。经过数百年的发展，孔府形成了一套礼仪周全、独具特色的家宴，成为中国古代宴席的典型代表。

孔府宴上的菜肴汇聚百家之长，兼融了宫廷以及民间的优秀烹饪技艺，在传统菜肴的基础上进行创新发展，从而形成了独具风味的孔府菜。

孔府宴菜肴的菜名与众不同，富有特点。一些菜名富含诗意，古典雅致，如“诗礼银杏”“白玉无瑕”“黄鹂迎春”；一些菜名别出心裁，让人莞尔一笑，如“带子上朝”“玉带虾仁”；还有一些菜名则寓意吉祥，如“一品豆腐”“年年有余”等。

孔府宴根据接待的客人身份不同，划分出多个规格和等级。最高级别的孔府宴为“孔府宴会燕菜全席”，专门用于宴请皇帝和钦差大臣，菜品有 130 多道。平日里的家宴、寿宴、婚宴等则使用规格相对较低的“鱼翅四大件”和“海参三大件”宴席。

孔府宴菜肴如今是鲁菜的重要组成部分，是中华饮食文化宝库中不可或缺的瑰宝。

诗礼银杏

其他中华名宴

中华饮食文化博大精深，除了满汉全席和孔府宴，还有曲江宴、女子宴、船宴、烧尾宴、洛阳水席、全鸭宴、鹿鸣宴、诈马宴等。它们或丰富实惠，或形式各异。这些各具特色的宴席在不同历史时期都发挥了重要作用，为中华饮食的传承贡献了自己的力量。

古诗词中的美食、酒、茶

今人念起古代的文人雅士，大多会联想到他们作诗写词、烹茶饮酒、弹琴对弈的情景。诗人虽喜好风雅，但也离不开柴米油盐的日常。古代的文人雅士与普通百姓一样无法抗拒美食的诱惑，并且他们还将那些诱人的美食写入古诗词中，流传千古。

古诗词中的四季美食

中国地大物博，大部分地区四季分明，人们四季所食的蔬果自然也各不相同。古代的文人雅士就将不同季节的美味记录在诗词当中。

春天，万物复苏，植物开始发芽，此时的植物积蓄了整个冬天的能量，趁着大地回暖，开始迅速生长。人们刚刚度过食物匮乏的寒冬，吃上春天鲜嫩的蔬菜，更觉味道鲜美。

宋朝的文学家苏轼在《初到黄州》诗中写道："长江绕郭知鱼美，好竹连山觉笋香。""笋"是独属于春天的美味。春雨过后，竹林里冒出的一个个尖尖角就是春笋。春笋焯水后既可凉拌，亦可炒制或做汤，其口感清脆，味道鲜甜，是大自然赐予的山野美味。陆游在《饭罢戏示邻曲》一诗中写道："箭茁脆甘欺雪菌，蕨芽珍嫩压春蔬。"在陆游心目中，笋芽比雪白的蘑菇味道还要好。

清代书画家、文学家郑板桥在诗中赞道："江南鲜笋趁鲥鱼，烂煮春风三月初。"鲥鱼是春天带来的另一美味，鲥鱼生活在海洋中，春末夏初之时为了产卵而洄游。它的肉质细嫩，脂肪含量高，味道十分鲜美，与刀鱼、河豚并称为"长江三鲜"。古代的文人墨客对美食显然颇有研究，刚出土的鲜笋搭配珍贵的鲥鱼，实在是春日里人间难得的美味。

清爽可口的凉拌竹笋

味道鲜美的蒸鲥鱼

夏至时节，麦子成熟，将新收的麦子磨成面粉，做成面条，当带着麦香、口感顺滑的面条吃进口中，几个月的辛勤劳作化作美味，让人们获得前所未有的满足感。宋朝诗人黄庭坚曾这样形容南方的线面："汤饼一杯银线乱，蒌蒿数箸玉簪横。"

夏日也是蔬菜快速生长的季节，杜甫在《陪郑广文游何将军山林》中写道："鲜鲫银丝脍，香芹碧涧羹。"新鲜的鲫鱼切成细丝，雪白的鱼肉便如银丝一般，再搭配鲜嫩碧绿的香芹制作的汤羹，真是色香味俱全。

秋季，正是丰收的季节，梨、枣等水果都相继成熟，熟透的果子挂在树上，让人垂涎欲滴。怪不得杜甫看着院落前熟透的果子，会感叹："庭前八月梨枣熟，一日上树能千回。"红彤彤的枣子，金灿灿的梨，看着就让人忍不住想要摘下来尝尝，恨不得"一日上树千回"。

秋日里的螃蟹最为肥美，古人自然不会放弃这一美味。古人品尝美味过后，还将其写入诗中，涌现出诸多咏蟹、食蟹的诗句，如杜牧的“越浦黄柑嫩，吴溪紫蟹肥”，陆龟蒙的“相逢便倚蒹葭泊，更唱菱歌擘蟹螯”等。

秋日里肥美的螃蟹

冬日里，万物蛰伏，时令蔬果大大减少，但大自然自有其神奇造化，白菜就是它给冬日的专属馈赠。

宋朝诗人杨万里在食用白菜时被白菜的口感惊艳，他在诗中写道：“新春云子滑流匙，更嚼冰蔬与雪虀。灵隐山前水精菜，近来种子到江西。”在杨万里看来，白菜的味道如冰雪。他还给白菜起了一个好听的名字“水精菜”，他对白菜的喜爱由此可见一斑。

除了白菜，茭白也是冬日里的美味。陆游在《初冬绝句》中写道："鲈肥菰脆调羹美，荞熟油新作饼香。"这里的"菰"指的就是茭白，茭白光滑、温润如玉，口感清脆，用它制作的汤羹令人回味无穷。

白菜

茭白

古诗词中的酒

中国的酒文化源远流长，相传在夏朝时期，杜康发明了酒，因此古人以“杜康”来指代酒，正如三国时期的曹操在《短歌行》中所云：“何以解忧？唯有杜康。”这里的杜康指的便是美酒。

唐宋时期，酒文化十分兴盛，酒在古诗词中开始大量出现，文人雅士通过诗和酒来抒发自己的情感。岑参用“一生大笑能几回，斗酒相逢须醉倒”表达久别重逢的畅快；李白用“花间一壶酒，独酌无相亲。举杯邀明月，对影成三人”抒发黑夜里的孤独；李清照则用“东篱把酒黄昏后，有暗香盈袖”排遣离愁别绪……

文人雅士对酒的偏爱，将酒文化推向一个新的高度。人们开心时饮酒，忧愁时饮酒，祭祀时饮酒，庆祝时依然饮酒。酒逐渐成为人们生活中不可或缺的一部分，成为人们的情感寄托，正如欧阳修所言：“醉翁之意不在酒，在乎山水之间也。山水之乐，得之心而寓之酒也。”

古诗词中的茶

中国是茶的故乡，中国的茶文化可以追溯到神农氏时期，汉朝时期已经有关于茶的记载，魏晋南北朝时期，饮茶之风开始在文人雅士之间流行。到了唐宋时期，茶文化进一步发展，古诗词中关于茶的描述也于唐宋时期最为多见。

“不寄他人先寄我，应缘我是别茶人。”（白居易《谢李六郎中寄新蜀茶》）唐代诗人白居易爱茶、懂茶、能辨茶，他写了多首关于茶的诗。他在泉边用山泉水煎茶，“坐酌泠泠水，看煎瑟瑟尘。无由持一碗，寄与爱茶人”（白居易《山泉煎茶有怀》）；午睡醒来时饮茶，“游罢睡一觉，觉来茶一瓯”（白居易《何处堪避暑》）；秋日里闲时品茗，“夜茶一两杓，秋吟三数声”（白居易《立秋夕有怀梦得》）；冬日里则“吟咏霜毛句，闲尝雪水茶”（白居易《吟元郎中白须诗，兼饮雪水茶，因题壁上》）……他终日与茶为伴，还将茶写入诗词中，让更多的人爱上茶。

宋朝时期饮茶之风更盛，诗词中茶出现的频率也变得更高。宋代诗人白玉蟾专门写了一首《茶歌》，将茶从生长、采摘到研磨、烹煮等整个过程都写入诗中，他还称茶的味道“绿云入口生香风，满口兰芷香无穷”，诗人对茶的喜爱和赞美溢于言表。

茶与茶具

文人雅士以茶会友，以茶彰显自身品行，再加上古诗词中大量对茶的描写和赞美，将茶的地位从普通的日常饮品提升到精神追求，体现了中国古人独特的审美意趣，推动了茶文化的发展。

趣味食事

李白与酒

唐代诗人李白存世的诗作中，写饮酒的诗句有170多个，如“人生得意须尽欢，莫使金樽空对月。天生我材必有用，千金散尽还复来”“抽刀断水水更流，举杯消愁愁更愁”等，可见李白对酒的喜爱。

李白因为爱酒，还曾经被“骗”过。汪伦是一位地方豪士，他十分仰慕李白，想要邀请李白到当地游玩，但是又担心李白不来。他知道李白爱酒，便在信中写道：“此地有十里桃花，万家酒店。”李白看到后，果然应邀前往。李白到了以后，并没有看到一万家酒店，汪伦指着一家酒店解释说，这家酒店的名字就叫“万家酒店”。李白虽然被骗了，却并不气恼，还和汪伦成了好友。他在诗中这样表达二人的情谊：“桃花潭水深千尺，不及汪伦送我情。”

苏轼与东坡肉

北宋文学家苏轼（号东坡居士）不仅是一代文豪，还是有名的美食家。提起苏轼的大名，除了让人想起那些耳熟能详、令人惊艳的诗词，还有以苏轼的号命名的东坡肉。

东坡肉，浙菜中一道著名的菜肴，它选用肥瘦相间的五花肉，加入调料，经过长时间焖烧后，变得色泽红亮、香酥软烂，让人垂涎三尺。

东坡肉其实就是红烧肉，那么这道菜肴与苏轼又有什么关系呢？它是如何得名东坡肉的呢？这就要从北宋苏轼在徐州任职时说起。

《徐州文史资料》记载，宋神宗熙宁十年（1077 年），苏轼调往徐州任知州一职，是年夏日，雨水泛滥，黄河水涨，洪水围困了整座城池。苏轼作为知州，亲自率领士兵，和百姓共同抗击洪水，筑堤保卫家园。大家团结一致，一同奋战几十个日夜，最终徐州城得以保全。徐州的百姓为了感谢苏轼与他们抗洪在一线，纷纷将家中的酒、肉等送至苏轼府上。盛情难却，苏轼便收下这些酒、肉，并将这些肉做成味美的红烧肉，回赠给百姓。百姓品尝了苏轼制作的红烧肉，发现肉质嫩滑，香甜可口，吃完令人回味无穷，纷纷称赞苏轼高超的厨艺，并称这道菜为“回赠肉”。之后“回赠肉”在徐州广为流传，并成为徐州传统名菜。

而东坡肉就是在回赠肉的基础上改良而来的。元丰三年（1080年），苏轼被贬，在黄州任团练副使一职，微薄的收入让他无法养活家人，于是他在城东的一处山坡上开垦荒地，解决了一家人的吃饭问题。苏轼称这处坡地为“东坡”，并自号“东坡居士”，自此，人们便称苏轼为“苏东坡”。

在黄州任职之时，苏轼对红烧肉的做法进行了改良，并将他的厨艺心得汇总成《猪肉颂》：“净洗铛，少著水，柴头罨烟焰不起。待他自熟莫催他，火候足时他自美。”苏轼显然已经掌握了制作红烧肉的诀窍——小火慢炖。

东坡肉

宋哲宗元祐四年（1089年），苏轼来到杭州出任知州，五、六月间，大雨接连不断，太湖水涨，百姓的庄稼被湖水淹没。苏轼及时采取有效措施，在西湖疏通水流，带领百姓渡过难关。百姓感恩苏轼，听说他爱吃猪肉，就带来酒、肉向他表示感谢。苏轼依然是将这些肉制成味美的红烧肉回赠回去，百姓纷纷称赞苏轼的好手艺，并称苏轼制作的红烧肉为“东坡肉”。当地饭馆看到东坡肉如此受欢迎，也开始效仿烹饪，渐渐地，东坡肉闻名全国。

乾隆与鱼头豆腐

鱼头豆腐是一道杭州名菜，它将煎过的鱼头与豆腐一起炖煮，鱼头的鲜美与豆腐的清香相得益彰，炖出的汤汁鲜香不腻，是一道广受欢迎的美味。

鱼头豆腐

据说，清朝乾隆皇帝十分喜爱吃鱼头豆腐。鱼头豆腐本是一道家常菜，做法简单，它为何能够俘获乾隆皇帝的味蕾呢?

相传，乾隆皇帝为了体察民情，曾多次到江南巡游。一次微服巡游途中乾隆皇帝兴起，想要登顶吴山，可刚到半山腰却突下大雨，无奈只好到山中一户人家中避雨。乾隆皇帝先前登山消耗了不少体力，又被大雨淋湿，此时真是又冷又饿。主人王润兴看他如此窘迫，便用砂锅将家中剩下的鱼头和豆腐一起炖了一锅汤给乾隆吃。饥肠辘辘的乾隆吃着这新出锅热乎乎的鱼头豆腐，觉得鲜美无比，胜过宫中无数的山珍海味。

回到宫中的乾隆皇帝依然对鱼头豆腐念念不忘，便命御膳房的御厨们制作这道菜肴，可是无论宫中的御厨怎么做似乎都不及当年吃到的鱼头豆腐鲜美。

后来，乾隆再次来到杭州吴山，他找到王润兴，对他进行了赏赐，鼓励他开一间饭馆，并亲自题下“皇饭儿”三个大字。王润兴果然开起一家饭馆，他将皇帝的亲笔题字制作成匾额挂在中堂。自此，鱼头豆腐成为王润兴饭馆的招牌菜，并在杭州流传开来。

《红楼梦》里的珍馐美馔

中国古代四大经典小说之一《红楼梦》讲述了清朝时期贾家、王家等富贵家族的兴衰史，在展示人间百态的同时也描绘了当时许多豪华而精致的美食。其中的一些珍馐美馔造型十分精巧，即使放在今时今日，也同样会令人叹为观止，如茄鲞、鹅掌鸭信、莲叶羹等。

茄鲞

《红楼梦》第四十一回讲述了刘姥姥进大观园的名场面，刘姥姥从乡下来到贾府，初次进入大观园，对大观园中房间的陈设、人们的穿着、使用的物什无不感到新奇，贾府奢华的饮食，也让她大开眼界。在招待刘姥姥的宴席上，凤姐夹了一些茄鲞给刘姥姥吃，刘姥姥说道：“别哄我了，茄子跑出这个味儿来了，我们也不用种粮食，只种茄子了。”

不怪刘姥姥吃不出茄子的味道，《红楼梦》中的茄鲞虽然只是一道腌制的小菜，但是做法大有讲究，步骤也烦琐。这道茄鲞，单单原料就用到了茄子、鸡肉、香菌、新笋、蘑菇、豆腐干、核桃仁、花生仁等多种，做法更是用到了炸、煨、炒等多种烹饪方式，茄子融入了各色食材的香味，最终才制成了让刘姥姥惊艳的茄鲞。

从茄鲞可以看出，古代宫廷以及富贵人家对饮食十分讲究，一道菜常常要花费多道工序，各类珍馐美馔都是经过精心研制而制作出来的。

鹅掌鸭信

《红楼梦》中提到的珍馐美馔众多，鹅掌鸭信也是其中的一道经典菜肴。在《红楼梦》第八回中，贾宝玉和林黛玉一起来探望宝钗，贾宝玉提到前日在荣国府中珍大嫂子家吃的鹅掌鸭信好吃，薛姨妈便将自己糟的鹅掌鸭信拿来让宝玉品尝。

鹅掌指的是鹅的脚蹼，鸭信指的是鸭舌头，做这道鹅掌鸭信，需要先将处理干净的鹅掌和鸭舌炖熟，然后将其放入糟汁中浸泡约6个小时，糟香浸入食材，鹅掌、鸭舌的爽口，配上糟汁独特的香气，成就了这道风味十足的下酒好菜——鹅掌鸭信。

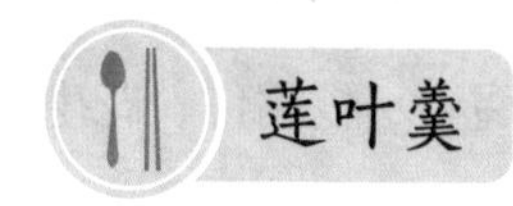

莲叶羹

《红楼梦》第三十五回中写道，父亲责罚贾宝玉，挨打后的贾宝玉提出想吃莲叶羹。

莲叶羹听起来平平无奇，但了解其制作方法后就会知道这道菜肴有多么精致。制作莲叶羹，需要使用新采摘的嫩荷叶，将荷叶洗净切碎后挤出荷叶汁和入面中，然后将面放入模具中，印出花样后再用鸡汤慢慢煨熟。用于制作莲叶羹的模具是用细银打造的，上面印着小小的莲蓬、菱角等数十种花样。可见贾府的日常饮食十分讲究且精细。

除了此处介绍的这三种美食，《红楼梦》中还有大量的珍馐美馔，如牛乳蒸羊羔、海参枸杞烩鸽蛋、野鸡崽子汤等。这一道道美味佳肴体现了厨师们精湛的烹饪技艺，也展现了我国饮食文化的博大精深。

三国美食家

三国时期，战乱不断。在那个战火纷飞、条件艰苦的年代，不仅诞生了无数勇猛的英雄，还诞生了不少美食家。

诸葛亮

提起三国时期的诸葛亮，大家都知道他是蜀汉杰出的政治家、军事家、文学家，他上通天文，下知地理，舌战群儒，草船借箭，凭借着卓越的军事才能被人们熟知，却鲜有人知道他和美食之间的故事。

刘备三顾茅庐请得诸葛亮出山，一开始，他们势单力薄，兵马不足，常常遭到敌人追杀。相传，一次诸葛亮与将士们被困在山东地界，彼时，由于连续多日奔波，锅灶已经丢失，将士们饥饿难耐，诸葛亮便让伙夫将铜锣置于火上，再将玉米面和水制成的面糊平摊在铜锣上，不一会儿一张张散发香气的薄饼就做成了。将士们吃了这种薄饼，又鼓足了士气。这种酥酥脆脆的薄饼，后来经过改良，一直流传下来，形成了如今广受人们喜爱的煎饼。

相传，除了煎饼，诸葛亮还发明了如诸葛烤鱼、孔明菜等多种美食。这些美食广为流传，至今依然是人们餐桌上大受欢迎的美味佳肴。

曹操

曹操是三国时期的一代枭雄，他不仅文武双全，还是一位善于发现美味的美食家。

相传，曹操在官渡和袁术对抗时，军粮不足，一个士兵饥饿难耐，便从水中抓来泥鳅充饥，却因为违反军纪被带到曹操面前接受惩罚。曹操不但没有惩罚士兵，反而品尝了士兵烧制的泥鳅。曹操觉得烧泥鳅味道鲜美，于是在全军中进行推广。士兵们吃了烧泥鳅后，士气大振，最终取得了官渡之战的胜利。之后，曹操将这道菜命名为官渡泥鳅。

据说，曹操还曾编写《四时食制》，其中记载了大量水产生物的名称、特色以及烹饪方式，不过该书已失传。

梁山好汉的酒与肉

《水浒传》是中国古典四大名著之一，讲述了梁山好汉反抗压迫的传奇故事。故事中的一百零八名好汉个个忠肝义胆、英勇无畏，给人们留下了深刻的印象，同样让人们难以忘怀的还有梁山好汉相聚时摆在餐桌上的好酒与好肉。

好汉喝好酒

在《水浒传》中，酒出现的频率非常高，鲁智深正是在酒楼吃酒时偶然了解了金翠莲的遭遇，之后才发生了拳打镇关西的事件。武松在上景阳冈之前，在酒家连喝了十八碗酒，上山后路遇猛虎，借着酒劲赤手空拳打死了老虎，名噪一时。

《水浒传》中不光男子饮酒，孙二娘、顾大嫂等豪爽妇人也饮酒，《水浒传》向我们展示出宋朝时期人们对酒的热爱。

《水浒传》中提到的酒十分丰富，一些酒的名称也十分风雅，如宋江、李逵等人在琵琶亭上喝的是“玉壶春酒”，宋江在浔阳楼上喝的酒为“蓝桥风月酒”等。

《水浒传》中的酒品质不一，御酒是上等好酒，酒精度数较高，闻起来酒香浓郁，喝起来口感顺滑。而“村醪浊酒”喝起来则酸而苦涩，且酒精度数较低，故事中的人物常常一喝就是几十碗。

梁山好汉大口饮酒，体现了他们豪迈、洒脱的性格，也展现出宋朝时期繁盛的酒文化与饮食文化。

好酒配好肉

好酒自然需要好肉配，梁山好汉喝酒的同时，怎么能少了吃肉呢？梁山好汉性情豪爽，他们的饮食日常是“大碗喝酒，大块吃肉”，所食的肉常常是牛肉、羊肉、马肉等。

梁山好汉大多性格直率、豪爽不羁，因此《水浒传》中的饮食并不像《红楼梦》中那般精细，配的下酒菜常常就是简单的熟牛肉，即使是大摆宴席之时，也只是杀羊宰牛。酒桌上“肉山酒海”，但并无复杂菜肴，这与梁山好汉豪迈的英雄形象十分相配。

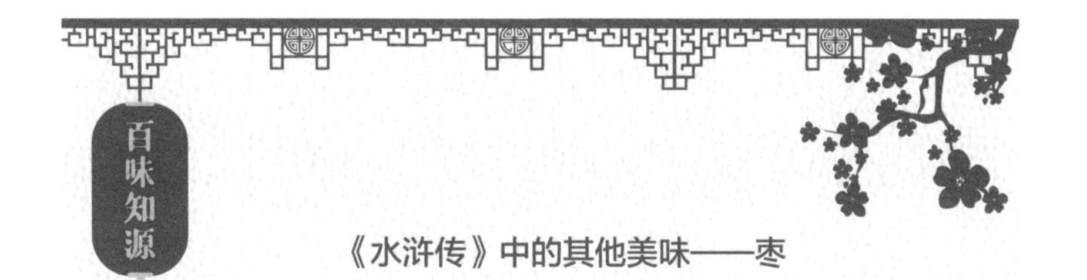

《水浒传》中的其他美味——枣

枣，在《水浒传》中多次被提及。在“智取生辰纲”一回中，吴用、晁盖等人就佯装成贩卖枣子的商人，用计夺去了生辰纲。为何佯装成贩卖枣子的商人呢？因为当时百姓常常到街上贩卖自家枣树上结的果子，枣子在宋朝十分常见，还被用作下酒菜。

枣分多种，既有甜枣，也有酸枣。《水浒传》开篇就提到的汴京通天门，其小名就是“酸枣门”，出了酸枣门就通向酸枣县，而酸枣县里种有大量酸枣树，盛产酸枣。

枣直接食用味道甘甜，将其加入面食中，还可以成就另外一道美味——枣糕。枣糕是宋朝常见的素点心，它味道清甜，入口绵软，是宋朝老少皆宜的糕点。

枣是一种健康的食物，适量吃枣能够补充维生素C，提高身体的免疫力，还能养血安神，促进睡眠。现在的枣种类更加丰富，红枣、冬枣、青枣等都深受人们喜爱。可能正是因为枣甜美的味道，以及它丰富的营养成分，人们一如既往地喜爱它，并不断开发出新的美味。

参考文献

[1] 巴陵 . 食全酒美 [M]. 北京：中国华侨出版社，2012.

[2] 陈波 . 中国饮食文化 [M]. 第 2 版 . 北京：电子工业出版社，2016.

[3] 陈晓丹 . 最实用的居家小书：烹饪制作小窍门 [M]. 北京：中国戏剧出版社，2009.

[4]《国家人文历史》. 古人这样过日子 [M]. 成都：四川人民出版社，2022.

[5] 纪世超，于玲玲 . 春和苑食话：2[M]. 青岛：中国海洋大学出版社，2010.

[6] 李慕南 . 饮食文化 [M]. 开封：河南大学出版社，2001.

[7] 李世化 . 饮食文化十三讲 [M]. 北京：当代世界出版社，2019.

[8] 李舒 . 皇上吃什么 [M]. 北京：中信出版社，2018.

[9] 刘菲 . 好竹连山觉笋香：古诗词里寻美食 [M]. 北京：北京日报出

版社，2021.
[10] 邱庞同 . 饮食杂俎：中国饮食烹饪研究 [M]. 济南：山东画报出版社，2008.
[11] 王仁兴 . 国菜精华：商代—清代 [M]. 北京：生活书店出版有限公司，2018.
[12] 王旭 . 寻味历史：食在唐朝 [M]. 沈阳：万卷出版公司，2021.
[13] 杨菊华 . 中华饮食文化 [M]. 北京：首都师范大学出版社，1994.
[14] 张起均 . 烹调原理 [M]. 北京：中国商业出版社，1985.
[15] 姜自荣 . 历史视角下的水浒酒文化研究 [D]. 济南：山东师范大学，2014.
[16] 梅迪 . 论端午节及其文化 [D]. 武汉：华中科技大学，2012.
[17] 周广丽 . 满族饮食与满族文化精神 [D]. 长春：吉林艺术学院，2018.
[18] 段宝林 . 春节的起源 [J]. 旅游学研究，2007（2）：343.
[19] 郭佳悦 . 中国八大菜系形成的地理环境因素 [J]. 阴山学刊（自然科学版），2016（4）：104–107.
[20] 洪光住 . 我国腌菜酱菜的历史简介 [J]. 调味副食品科技，1980（2）：30–34.
[21] 黄绍祖，陈果 . 婚礼的相关食俗 [J]. 美食，2016（6）：44–48.
[22] 靳建平 . 红楼美食：茄鲞 [J]. 肉类工业，2012（05）：32.
[23] 康鹏 . 晚清重臣丁宝桢与宫保鸡丁的起源 [J]. 家禽科学，2014（2）：47–49.
[24] 李昕升，王思明 . 嗑瓜子的历史与习俗：兼及西瓜子利用史略

[J]. 广州大学学报（社会科学版），2015（2）：90–95.
[25] 李元，温昕 . 中国古诗词中的茶文化 [J]. 福建茶叶，2019（08）：276–277.
[26] 林正秋 . 漫说盐的历史与祖师崇拜 [J]. 上海调味品，2003（1）：38–39.
[27] 卢桂华 .《水浒传》“酒”文化剖析 [J]. 中学语文教学参考，2022（21）：91–92，97.
[28] 旅时 . 八大菜系，八家代表 [J]. 美食，2010（5）：8–9.
[29] 农业工程技术编辑部 . 夏至食俗 [J]. 农业工程技术（农产品加工业），2013（3）：62–63.
[30] 潘春华 . 红楼美食：鹅掌鸭信 [J]. 内蒙古林业，2016（01）：36.
[31] 彭春艳 . 从美食的描述探究古典文学之美：评《红楼梦中的经典美食》[J]. 食品科技，2019（11）：366–367.
[32] 彭海容 . 藏族饮食礼仪 [J]. 中国食品，2014（17）：100–103.
[33] 戚桂军，马守海，陈宝芳，等 . 果脯蜜饯的历史现状与发展趋势 [J]. 粮食与食品工业，1998（1）：33–35.
[34] 邱俊霖 . 枣子，水浒好汉们的美食：《水浒传》之“枣子”[J]. 快乐作文，2022（48）：28–31.
[35] 婷婷 . 漫谈中国美食：饺子 [J]. 少儿科技，2020（1）：28.
[36] 王赛时，徐芦芳 . 中国饮食中的汤羹文化 [J]. 饮食文化研究，2004（2）：15–23.
[37] 吴德邻 . 关于姜的起源 [J]. 植物杂志，1990（4）：43.
[38] 奚村 . 纪晓岚饮食的启示 [J]. 秘书之友，1997（7）：47.

[39] 肖莉．舌尖上的味道：春饼 [J]. 小雪花，2015（5）：28–29.

[40] 小和．清明节，吃什么 [J]. 温州人，2011（7）：14–15.

[41] 学苑创造编辑部．小零食为什么叫“点心”[J]. 学苑创造，2014（7）：53.

[42] 杨斌鹄．月饼名称演变史 [J]. 人才资源开发，2015（19）：34.

[43] 袁和平．古诗词中酒意象的审美内涵 [J]. 文学教育（下），2008（12）：51.

[44] 张倩雨．北麦南稻，甜咸相宜：中国传统糕点文化 [J]. 求学，2019（43）：21–23.

[45] 赵一帆．卤煮火烧的由来与传承 [J]. 首都医药，2014（5）：33–34.

[46] 周心毅．从历史上看四美酱菜的发展 [J]. 中国调味品，1987（8）：16–17.

[47] 朱伯镭．漫谈中国古代蜜饯：中国古代蜜饯历史发展的脉络 [J]. 食品科学，1986（5）：33–36.